水産総合研究センター叢書

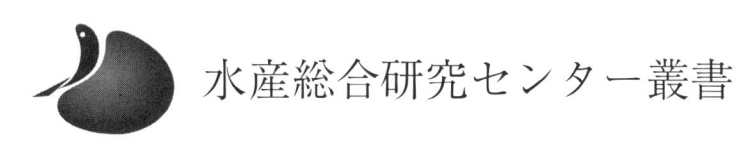

生物資源解析の
エッセンス

赤嶺 達郎 著

恒星社厚生閣

まえがき

　この本は生物資源を対象としたデータ解析手法のポイントを解説したものです．ベイズ統計や確率分布について基本的な考え方を対話形式で紹介しています．最近，有名になったモンティ・ホール問題や，ペテルスブルグの賭などについても解説していますが，前半の主題は次の2つのパラドックスです．

（ソーバーのパラドックス）
　試行数 $n=20$，成功数 $r=6$ の場合に成功率 p についての帰無仮説「$H_0 : p = 0.5$」を検定する．二項分布を用いると $r=0\sim6$ および $14\sim20$ の確率は 0.115 となるから，$\alpha=0.05$ で棄却できない．一方，負の二項分布を用いると $n=20\sim\infty$ となる確率は 0.0319 となるから，$\alpha=0.05$ で棄却できる．どちらが正しいか？

（平均値のパラドックス）
　1変数の資源変動モデルを $N(t+1)=N(t)\lambda(t)$ と定義する．ここで N は資源尾数，λ は成長率である．良い環境では $\lambda(t)=\alpha=3.9$ で増加し，悪い環境では $\lambda(t)=\beta=0.1$ で減少する．このとき期待値は算術平均 $E=(\alpha+\beta)/2=2$ であるから資源は増加する．しかし実際は幾何平均が $G=\sqrt{\alpha\beta}=0.6245$ となるため資源は減少する．どちらが正しいか？

　どちらも生物資源のデータ解析における「初歩的な問題」ですが，正確に解答できる人は少ないのではないでしょうか．これらについて実例を踏まえて分かりやすく解説します．前者は二項分布と負の二項分布およびベータ分布に関係し，後者はランダム・ウォークと対数正規分布に関係するので，統計学や確率論の初歩で用いる数式が出てきます．

　そのため数理統計および確率計算に関する基礎的な重要事項を後半に解説しました．また実例として筆者の専門である水産資源について基本的な数理モデル，および資源評価手法についても解説しました．通常の教科書と違って，できるだけ「直観的」に理解できるように工夫したつもりです．この本に目を通すことによって，生物資源解析の基本的な考え方をマスターして，研究現場のデータ解析に活用されることを願っています．

　この本を出版するに当たり，お世話になった（故）加藤史彦さん，（故）石岡清英さん，（故）須田真木さん，東京大学の平松一彦さんと山川　卓さん，東海大学の大西修平さん，中央水産研究所の山越友子さんと西村　明資源管理研究センター長，水産総合研究センター本部の広報室の方々，恒星社厚生閣の小浴正博さんに感謝いたします．

　2015年3月

　　　　　　　　　　　　　　　　　　　　　　　　　　　　　　　　　　　　　赤嶺達郎

目　次

まえがき

第1章　ベイズの定理とベイズ更新 …………………………………………… 7
　1・1　ベイズの定理 …………………………………………………………… 7
　1・2　ベイズ統計 ……………………………………………………………… 10

第2章　ベイズ統計と負の二項分布 …………………………………………… 15
　2・1　二項分布 ………………………………………………………………… 15
　2・2　負の二項分布とベイズ統計 …………………………………………… 17
　2・3　ソーバーのパラドックス ……………………………………………… 22
　2・4　ベータ分布 ……………………………………………………………… 25
　2・5　HDR と PMP …………………………………………………………… 27
　2・6　有限補正 ………………………………………………………………… 30

第3章　ランダム・ウォークと対数正規分布 ………………………………… 34
　3・1　対数正規分布 …………………………………………………………… 34
　3・2　ペテルスブルグの賭 …………………………………………………… 41
　3・3　シミュレーション ……………………………………………………… 42

第4章　水産資源解析のエッセンス …………………………………………… 46
　4・1　成長モデル ……………………………………………………………… 46
　4・2　パラメータ推定と仮説検定 …………………………………………… 48
　4・3　再生産モデル …………………………………………………………… 50
　4・4　生残モデル ……………………………………………………………… 50
　4・5　VPA ……………………………………………………………………… 53
　4・6　現行方式の検討 ………………………………………………………… 55
　4・7　補足と実例 ……………………………………………………………… 57

第5章　計算数学の初歩 ………………………………………………………… 60
　5・1　微積分の初歩 …………………………………………………………… 60
　5・2　指数関数と対数関数 …………………………………………………… 64
　5・3　級数の初歩 ……………………………………………………………… 65
　5・4　オイラーの公式 ………………………………………………………… 68

- 5・5　微分方程式 ……………………………………………………………………… 70
- 5・6　差分と和分 …………………………………………………………………… 73
- 5・7　線型代数 ……………………………………………………………………… 77
- 5・8　行列式 ………………………………………………………………………… 77
- 5・9　行　列 ………………………………………………………………………… 78
- 5・10　自由度 ……………………………………………………………………… 85
- 5・11　教科書 ……………………………………………………………………… 87

第6章　数理統計の基礎 ……………………………………………………………… 89
- 6・1　二項定理 ……………………………………………………………………… 89
- 6・2　ポアソン分布 ………………………………………………………………… 93
- 6・3　標準正規分布 ………………………………………………………………… 94
- 6・4　二項分布の正規分布近似 …………………………………………………… 97
- 6・5　ガンマ関数とベータ関数 …………………………………………………… 99
- 6・6　球の表面積とカイ二乗分布 ………………………………………………… 102
- 6・7　ガンマ分布とベータ分布 …………………………………………………… 104
- 6・8　確率論とルベーグ積分 ……………………………………………………… 108
- 6・9　ランダム・ウォークとブラウン運動 ……………………………………… 112

第7章　展望と補足 …………………………………………………………………… 119
- 7・1　数理モデルと統計モデル …………………………………………………… 119
- 7・2　常用対数とルーレット定理 ………………………………………………… 120
- 7・3　その他 ………………………………………………………………………… 121

第1章 ベイズの定理とベイズ更新

> ベイズの定理とベイズ更新について解説します．確率論の初歩ですが，できるだけ数式を使わないで，簡単な表を用いて問題を解きます．原理さえ理解してしまえば，簡単な話です．最後にベイズ統計について解説しますが，次章以降で具体的な実例を紹介します．

1・1 ベイズの定理

 S君 ベイズ統計は「ベイズの定理」を用いる統計学ですよね．

 A先生 ええ．ベイズの定理だけを用いると言い切ってもよいくらいです．

S ベイズの定理はコルモゴロフら（2003）によると「条件付き確率」から導かれる基本的な定理ですね．最近，ベイズ統計の本がたくさん出ていますが，どれも難しくてよく分かりません．

A ベイズの定理は数式で表すと難しいのに，実際は簡単な話という代表例です．まあ，実例にあたってみるのが理解の早道でしょう．次の問題をやってみてください．

（問題1）モンティ・ホール
実際にアメリカで行われていたクイズ番組です．3つの扉があり，その1つの扉の裏に車が置いてあって，その扉を当てると車がもらえます．解答者が1つの扉を指定すると，正解を知っている司会者（モンティ・ホールという名前）は残り2つの扉のうち，1つだけを開きます（当然，そこに車はありません）．解答者は1回だけ扉を変更することができます．このとき解答者は扉を変更した方が有利でしょうか？ それとも，それは無意味でしょうか？

S うーん，最初の確率はそれぞれの扉とも同じだから1/3ですね．このような問題が有名になるからには，扉を変更した方が有利なんでしょうね．

A ええ，その通りです．司会者が正解を知っている点が味噌です．そうでないと司会者が扉を開けた時点において1/3の確率でそこに車が存在してしまい，クイズが終わってしまいます．

S なるほど．

A この問題が有名になったのはアメリカに知能指数200と言われるマリリンという女性タレントがいて，彼女にこの問題を問うたところ「扉を変更しろ」と正しく答えたのに，彼女が間違えた

と錯覚した知識人が多数いて，その中に天才数学者のエルデシュなどが含まれていたためです．

S それだけ確率の問題は間違いやすいということですね．でもマリリンはどのようにして正解を導いたのでしょうか．

A マリリンは扉の数を増やして考えたのです．たとえば扉の数が 100 個あったとして，司会者が残り 99 個の扉のうち 98 個をすべて開けてくれたとしたら，誰でも扉を変更するでしょ．

S なるほど．確かにマリリンは頭脳明晰ですね．

A しかしベイズの定理を知っていれば，この問題は機械的に解けます．3 つの扉を A，B，C とします．最初の時点で車が存在する確率はいくつですか．

S A，B，C とも 1/3 です．

A 次に解答者が A の扉を指定したとき司会者が B の扉を開けたとします．ここからが味噌ですが，司会者が B を開ける確率を考えます．A に車が存在するときどうですか？

S えーと，開ける扉は B でも C でもよいから，B を開ける確率は 1/2 です．

A B に車が存在するときは絶対に開けませんから，B を開ける確率は 0 です．C に車が存在するときは？

S B しか開けることができないから，B を開ける確率は 1 です．

A 以上をまとめると表 1-1 が書けます．

S ははあ，左端の A，B，C はその扉に車が存在する場合ですね．結局，事前確率と「B を開ける確率」を掛けるのがポイントです．

A その通りです．司会者は実際に B を開けたので，統計学ではこれをデータとみなし，B を開ける確率を尤度（ゆうど）と呼びます．したがって統計学ではベイズの定理を

$$事後確率 = \frac{事前確率 \times 尤度}{\Sigma(事前確率 \times 尤度)}$$

と表します．ベイズ統計ではこの公式を基本原理として用いるわけです．

S 右辺分母の Σ は総和記号ですね．何だか面倒くさそうな式ですね．

A この式の本質は

$$事後確率 \propto 事前確率 \times 尤度$$

です

S 「∝」は比例関係を表す記号ですね．

A 表 1-1 では「積」の列の合計 1/2 でそれぞれの積を割ったものが右端の「事後確率」になって

表 1-1 モンティ・ホールの確率

	事前確率	B を開ける確率	積	事後確率
A	1/3	1/2	1/6	1/3
B	1/3	0	0	0
C	1/3	1	1/3	2/3
計	1		1/2	1

S　なるほど．確かに数式で表すと難しそうですが，表 1-1 のような表を作れば簡単な話ですね．
A　この問題は 10 年くらい前にたまたま雑誌で見つけたので大学院の集中講義で用いてきましたが，次第に有名になってきて最近ではモンティ・ホールという題の本も出ていますし，ネットにも詳しく解説されています．それでは次の問題はどうですか？

（問題 2）3 人の囚人
　3 人の囚人，アラン（A），バーナード（B），チャールズ（C）が幽閉されていた．アランは，翌日 3 人のうち 2 人が処刑され，1 人が釈放されることを知ってはいるが，誰が釈放されるかについては全く知らない．そこでアランは看守に「3 人のうち 2 人が処刑されるのだから，バーナードとチャールズのうち少なくとも 1 人は処刑されるのは確実である．バーナードとチャールズのうち処刑される者の名前を 1 人だけ教えてくれても，私の釈放については全く情報を与えないはずだから，その名前を教えてほしい」と言ったところ，看守はアランの言い分を納得し「バーナードは処刑される」と答えた．これを聞いてアランは「自分が釈放される確率が 1/3 から 1/2 に上がった」と喜んだが，この確率評価は正しいだろうか？

S　なるほど．ほとんど同じ問題ですね．表 1-1 の左端の A，B，C をそれぞれが釈放される場合として，「B を開ける確率」という文を「看守がバーナードと答える確率」という文に変更するだけで OK です．したがってアランが釈放される確率は 1/3 のままですから，アランの確率評価は誤りです．
A　この問題はメイナードスミスの本に紹介されているそうで，ある理論生物学の学会で出されて大騒ぎになってしまい，本題の議論が進まなかったそうです（福島・石井，1980，1996）．
S　みなさんベイズの定理を知らなかったんでしょうか．
A　確率論の教科書（小針，1973）には昔からベイズの定理の演習が載っています．次の問題はどうですか？

（問題 3）3 つの部屋
　3 つの部屋があり，中におのおの女性 2 人，男性 2 人，男女各 1 人が入っている．1 つの部屋をノックしたところ女性の声で「誰か来たわよ，あなた出てちょうだい」と聞こえた．男性が出てくる確率はいくらか．

S　これも同じパターンですね．A を男女各 1 人，B を男性 2 人，C を女性 2 人として，「B を開ける確率」という文を「女性の声がする確率」という文に変更すれば OK ですから，男性が出てくる確率は 1/3 です．
A　では同じ教科書から最後の問題です．

(問題4) コイン投げ

コインを投げて表が出たからと言って，つぎに表が出るか裏が出るかは，まったく予測不可能だが，2つを同時に投げて「片方が表」と知ったら，他方は裏と賭ける方が，表に賭けるより有利である．正しいか？

S 前の3問と似たような問題ですが，ちょっと違いますね．うーん．ベイズの定理で解いてみると表1-2になりました．結局，他方は裏と賭ける方が2倍有利です．

A よくできました．この表の作り方を覚えておけばベイズの定理は十分です．それではもう少し複雑な問題を考えてみましょうか．11個の壺を用意してすべてに赤球と白球を合計で10個入れますが，それぞれの壺に入れる赤球の数を0，1，2，………，10個とし，壺の名前を順番にA，B，C，………，Kとします．

S 今までは3つの場合分けでしたが，今度は11個の場合分けですね．

A この中から壺をひとつだけ選んで，中から球を復元抽出（取り出した球をそのつど元の壺に戻す抽出方法）で取り出したところ，赤，白，赤，白，白，白，赤，白，赤，白という順で球が出ました．1個球を取り出すたびに，それぞれの壺である確率がどう変化するか計算してください．

S 通常の確率だと球の出る確率を計算しますが，この問題は壺の確率を求めるんですね．

A ええ．それでベイズの定理は「逆確率の方法」とも呼ばれます．

S 合計で赤が4回，白が6回出たのでEの壺の確率が一番大きくなりますね．

A 非復元抽出（取り出した球を元の壺に戻さない抽出方法）であればEで確定しますが，復元抽出なのでバラツキます．先ほどの表と同じ要領でやってみてください．

S 1回目に取り出した球は赤なので，表1-3のようになります．

A よくできました．引き続き2回目をやってみてください．

S 1回目の事後確率を2回目の事前確率に用いればよいから，表1-4のようになります．これ以降も表計算ソフトで簡単に求まります．結果は図1-1です．

A このようにデータが追加されるたびに事後分布が更新されることを「ベイズ更新」と呼びます．引き続き非復元抽出の場合もやってみてください．

S 非復元の場合は取り出された球によって，それ以降の球の出る確率が変化しますね．結果は図1-2です．ベイズの定理やベイズ更新はだいたい了解しました．

1・2 ベイズ統計

A ここからベイズ統計の話に移ります．今までは壺が実際に11個あって，それぞれに入っている赤球の数が分かっていました．これから壺が1個で赤球が何個入っているか分からない場合を考えます．

S ということは，その壺に入っている10個のうち何個が赤球か分からない状況で，同様に抽出実験を行うわけですね．

A そのときの事前確率をどのように仮定するかが問題です．

S 人によって赤球ばかりとか白球ばかりとか極端な場合を好む人と，逆に赤白半々くらいを好む

表 1-2 コイン投げの確率

	事前確率	少なくとも片方が表の確率	積	事後確率
両方とも表	1/4	1	1/4	1/3
片方だけ表	2/4	1	2/4	2/3
両方とも裏	1/4	0	0	0
計	1		3/4	1

表 1-3 復元抽出の確率（1 回目）

	事前確率	赤が出る確率	積	事後確率
A	1/11	0/10	0	0
B	1/11	1/10	1/110	1/55
C	1/11	2/10	2/110	2/55
D	1/11	3/10	3/110	3/55
E	1/11	4/10	4/110	4/55
F	1/11	5/10	5/110	5/55
G	1/11	6/10	6/110	6/55
H	1/11	7/10	7/110	7/55
I	1/11	8/10	8/110	8/55
J	1/11	9/10	9/110	9/55
K	1/11	10/10	10/110	10/55
計	1		1/2	1

表 1-4 復元抽出の確率（2 回目）

	事前確率	白が出る確率	積	事後確率
A	0	10/10	0	0
B	1/55	9/10	9/550	9/165
C	2/55	8/10	16/550	16/165
D	3/55	7/10	21/550	21/165
E	4/55	6/10	24/550	24/165
F	5/55	5/10	25/550	25/165
G	6/55	4/10	24/550	24/165
H	7/55	3/10	21/550	21/165
I	8/55	2/10	16/550	16/165
J	9/55	1/10	9/550	9/165
K	10/55	0/10	0	0
計	1		3/10	1

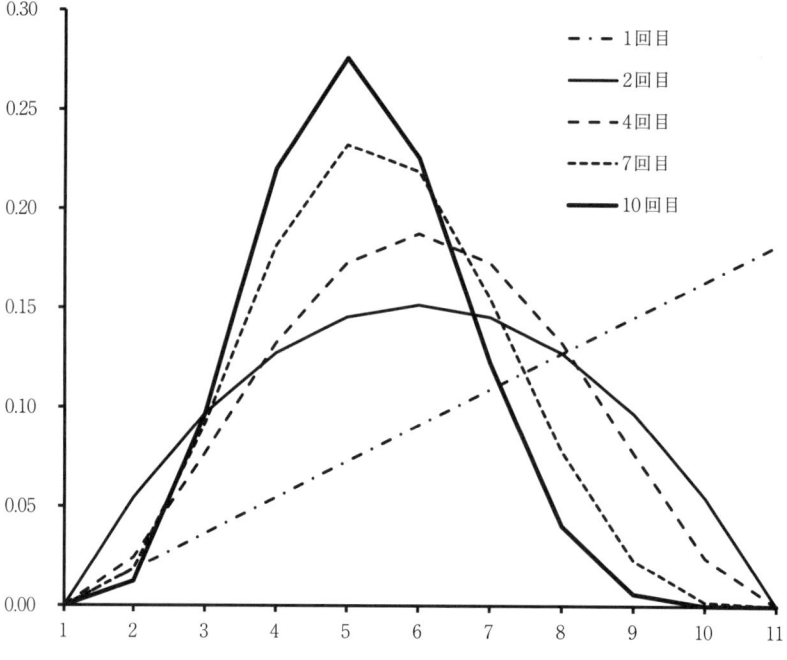

図 1-1 復元抽出の事後分布（横軸の目盛値は赤球の数＋1）

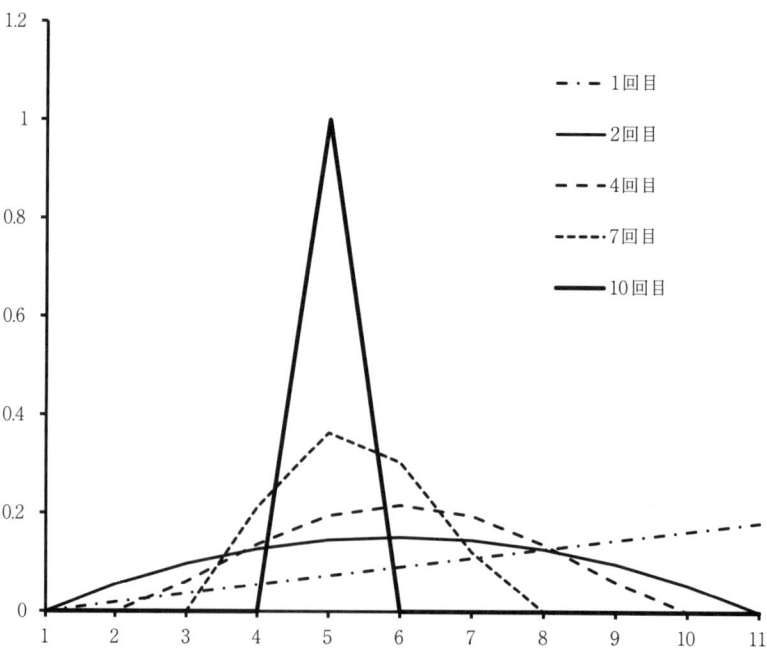

図 1-2 非復元抽出の事後分布（横軸の目盛値は赤球の数＋1）

人がいますね．どのような人か分からないから，今までと同様にA～Kの一様分布を仮定してはどうでしょう．

A　そのように「事前分布が分からないので，とりあえず一様分布を仮定する」方法をラプラスは「理由不十分の原則」と名付けました．またそのような一様分布を「無情報事前分布」と呼びます．

S　この場合はうまく行きそうな気がします．

A　ラプラスはこの原理を押し進めて「明日，太陽が昇る確率」まで計算してしまいました．

S　それはちょっと乱暴ですね．

A　この原則については昔から反論があって，たとえば正規分布のバラツキを検定する場合，「分散 σ^2 を一様分布と仮定するか，標準偏差 σ を一様分布と仮定するか」によって結果が異なってきます．

S　確かにいろいろ問題がありそうです．

A　それでフィッシャーはベイズ統計を追放して，尤度を基本に据えた近代統計学を構築しました．

S　その際にネイマンらと大論争を起こしたのですね．

A　その通りです．フィッシャーが提唱した手法の中にもフィデューシャル確率のようなベイズ統計的手法が含まれていたりしたため，最後は個人攻撃的な泥仕合になってしまいました．

S　それだけ難しい問題だったんですね．

A　この問題は結局，二項分布における比率 p の推定問題で，じつはトーマス・ベイズ自身が最初に行った例と同じです．教科書に載っているベイズの定理は後にラプラスが一般化したものです．

S　ということは，この場合は一様分布が事前分布として正しいのですか？

A　正しいかどうかは数学の問題ではありませんし，統計学においても「立場の問題」です．事前分布の作り方について様々な方法が提唱されてきましたが，それらについては第2章で論じたいと思います．ただしベイズ更新の例で理解できたと思いますが，データ数が多くなれば，どのような事前分布を仮定しても同じような結論を得ます．

S　その話は伝統的統計学における大標本と小標本の話に似ていますね．

A　ええ．カール・ピアソンの時代まではデータが大量に得られれば，ほとんど正規分布で解析できました．ところがフィッシャーの時代になると少数しかデータが得られない場合が出てきました．そのような場合でも精度の高い解析ができるように t 分布や F 分布が導入された次第です．フィッシャーは小標本を対象としていましたから，ベイズ統計を攻撃したのは当然の話です．

S　ベイズ統計の基本式は

$$事後確率 \propto 事前確率 \times 尤度$$

でしたね．

A　そうです．事前分布が既知の場合にはこの公式が使えて，その場合はベイズ統計ではなくてベイズの定理そのもの，つまり数学の問題です．フィッシャーは事前確率が未知の場合に事前確率を追放しましたから，尤度だけ使いました．

S　最尤法や尤度比検定ですね．

A　ただしパラメータ（母数）の確率としてフィデューシャル確率なるものを提唱したため混乱が

生じました．

S パラメータの確率をすべて排除した方法が「ネイマン・ピアソン流の仮説検定」ですね．納得しました．

A なお，確率の入門書としては岩沢（2013）がお勧めです．歴史的な逸話も含め，確率のエッセンスが解説されています．

文 献

福島正俊・石井一成（1980, 1996）：自然現象と確率過程．日本評論社．

岩沢宏和（2013）：確率のエッセンス．技術評論社．

小針あき宏（1973）：確率・統計入門．岩波書店．

コルモゴロフら（2003）：コルモゴロフの確率論入門．森北出版．

第2章 ベイズ統計と負の二項分布

> 二項分布と負の二項分布における両者の検定の違いについて解説します．これはベイズ統計の立場から検討すると理解しやすいので，関連してベータ分布についても解説します．さらに区間推定の考え方の基本となる HDR，およびベイズ統計の事前分布の作り方の基本となる PMP について解説し，その他の方法と比較します．また有限補正について従来の方法とベイズ統計の方法を紹介します．

2・1 二項分布

S君 先日，「異端の統計学ベイズ（マグレイン，2013）」という本を読みました．非常に面白かったです．

A先生 作者はアメリカのサイエンスライターですが，アメリカ軍の応用例など興味深い話がたくさん載っていますね．引用文献も明記されていて，きちんとした本だと思いますが，ベイズ統計は主観確率を用いていますから注意が必要です．

S 水産資源学や鯨の話も紹介されていますね．単に応用しただけのようですけど．

A ただし数理的な説明が不十分なので，この本を読んだだけではベイズ統計を正確に理解できないように思います．

S と言いますと？

A 私の考えではパラメータの確率を考えるモデルは，すべてベイズ統計モデルです．ベイズの定理の本質は第1章で紹介したように，

$$事後確率 \propto 事前確率 \times 尤度$$

です．パラメータの確率を考えると，それは事前確率か事後確率になります．事前確率を与えた場合はもちろんベイズ統計ですが，事後確率が得られた場合も尤度が計算できますから，ベイズの定理によって事前確率が推定できます．

S しかし尤度が0の場合もあるから，正確な事前確率は特定できませんね．

A その通りです．ただし事後確率と尤度が与えられれば，それらと矛盾しない事前確率を提示できます．またベイズ更新の場合のように，一度得られた事後確率を新たな事前確率として採用することもできます．要するにパラメータの確率を与えれば，それは既にベイズ統計の枠組みに含まれてしまっているわけです．

S そうすると確率モデルを構築する場合には，知らず知らずにベイズ統計を使っている可能性が

あるのですね．

A　ええ，それでベイズ統計を完全に排除したのが，ネイマン・ピアソン流の統計学です．数学的にはこれが一番すっきりしますが，実用的には適応範囲が狭く，融通がきかないという欠点があります．抽象的な議論では理解しにくいので，二項分布で具体的に考えてみましょう．

S　二項分布は成功率 p，試行数 n のとき，成功数 r の確率で，

$$\mathrm{Bi}(r;n,p) = \binom{n}{r} p^r (1-p)^{n-r}$$

と定義されます．ここで左辺の Bi は二項分布（binomial distribution）の略，セミコロンの左側が確率変数，右側がパラメータ（母数）です．

A　ここで

$$\binom{n}{r} = \frac{n!}{r!(n-r)!} = \frac{n^{(r)}}{r!}$$

は組合せ数です．高校で組合せ数は ${}_nC_r$ と習ったと思いますが，主役の n と r が小さくて見づらいので，上記のように縦ベクトルと同じ書き方をします．ベクトルと混同することはほとんどないので．なお

$$n! = n(n-1)(n-2)\cdots 1$$

を階乗と呼びます．階段状に掛けるからです．また $n^{(r)}$ は Aitken の記号と呼ばれ，

$$n^{(r)} = n(n-1)\cdots(n-r+1), \quad n^{(n)} = n!$$

です（安藤，2001）．

S　Aitken の記号 $n^{(r)}$ はベキ関数 n^r に似ていますね．

A　そのとおりです．第5章で説明しますが，連続モデルでの微積分の主役はベキ関数 n^r であるのに対して，離散モデルでの差和分の主役はこの階乗関数 $n^{(r)}$ なので，類似した記号を用いています．

S　二項分布で重要なのは正規分布近似とポアソン分布近似ですね．

A　それらについては第6章で解説します．

S　ということは，ここでは二項分布そのものを用いて解析するわけですね．

A　ええ．具体的な問題として底曳き網で r 尾が漁獲されたとき，最初にいた魚の総尾数 n を推定する例を考えてみます．

S　簡単な漁獲モデルですね．

A　最初に現場にいた魚に番号を 1 から n まで付け，それから番号順に漁獲率 p で漁獲していきます．

S　確率 p で漁獲され，確率 $1-p$ で逃避するわけですね．典型的な「ベルヌイ試行」です．これより漁獲尾数 r は二項分布に従いますから，総尾数 n の点推定は r/p となって簡単です．

A 問題は n の区間推定です．ネイマン・ピアソン流では帰無仮説

$$H_0 : n = n_0$$

を立てて，確率変数 r の 95％区間を求め，その中に実際のデータ r が含まれていれば n_0 を n の 95％信頼区間内の点として採用し，そうでなければ 95％信頼区間外の点とみなします．これは「確率を用いた背理法」です．

S 確率を用いた背理法とは何ですか？

A 背理法は帰謬法ともいって，命題から矛盾を導くことによって命題を否定する証明方法です．帰無仮説は名前から分かるように，否定される確率が高い仮説です．ここでは確率変数 r の確率を用いて正否を判定します．

S 帰無仮説でパラメータ n を定数 n_0 に固定するわけですね．背理法なのでちょっとイメージしにくいです．

A 大標本であれば正規分布に近似できるので，二次方程式を解いて連続補正すれば OK です（赤嶺，2007, 2010）．

S 小標本の場合は二項分布のまま表計算ソフトを用いて n_0 ごとに計算することになりますが，面倒くさいですね．

2・2 負の二項分布とベイズ統計

A そこで n を確率変数として推定する方法があります．さきほどは n を固定して r を動かしていましたが，こんどは逆に r を固定して n を動かしてみようというわけです．負の二項分布はご存知ですか？

S ええ．成功率 p のとき，r 回成功するまでに必要な試行数 n の確率分布です．

A 確率は導けますか？

S うーん，n 回目は必ず成功するので n 回目の確率は p です．それまでに $r-1$ 回成功すればよいのだから，確率は

$$\mathrm{NB}(n;r,p) = p\binom{n-1}{r-1}p^{r-1}(1-p)^{n-r} = \binom{n-1}{r-1}p^r(1-p)^{n-r}$$

となります．NB は負の二項分布 (negative binomial distribution) の略です．

A よくできました．これから

$$\sum_{n=r}^{\infty} \mathrm{NB}(n;r,p) = 1$$

となります．

S いきなり無限大 ∞ が出てきて，ちょっと気持ち悪いですね．

A いいところに気がつきましたね．無限は日常生活のいたるところに潜んでいますが，いいかげんに使うとすぐに矛盾が出てきます．確率の場合も同様です．それで 1933 年にコルモゴロフが

確率の公理を提示しました．

S　それはどんなものですか？

A　コルモゴロフの公理は，排反事象 A_1 と A_2 について

$$P(A_1 \cup A_2) = P(A_1) + P(A_2)$$

という確率に要請されるべき基本性質が，

$$P\left(\bigcup_{i=1}^{\infty} A_i\right) = \sum_{i=1}^{\infty} P(A_i)$$

となるように理想化したものです．ここで∪は「合併」を表す記号です．このような数学モデルが「ルベーグ測度」として既に開拓されていたので，コルモゴロフはこれを矛盾のない公理として提出できたそうです．このあたりの話についても第6章で説明します．

S　左辺は和集合の確率で，右辺は各集合の確率の総和ですね．ごく当たり前の公式に見えますけど．

A　両辺とも無限和になっているところが味噌です．

S　といいますと？

A　有限の場合では当たり前のことでも，無限の場合では矛盾することがよくあります．ですから無限の場合でも大丈夫なように，あらかじめ公理として与えて保証しているわけです．

S　公理とは絶対的な真理でしたっけ？

A　いえいえ，単なる「要請」です．上の要請を「σ加法性」と呼びます．従来は完全加法性とか可算加法性とか呼んでいました．可算とは「かぞえることができる」という意味で，自然数と1対1対応がつくという意味です．

S　α加法性とかβ加法性とかもあるのでしょうか？

A　σ加法性のσは sum の頭文字のsに対応するギリシャ文字で，「加法」の意味で用いていたものが，もっぱら可算個の加法に用いているうちに「可算」の意味に用いられるようになったそうです（森，1983）．

S　なるほど．

A　確率論の分野で世界的に有名な伊藤清先生の同級生に小平邦彦先生がおられて，小平先生は日本人で初めてフィールズ賞やウルフ賞を受賞されましたが，伊藤先生もガウス賞やウルフ賞を受賞されています．お二人が学生時代に初めてコルモゴロフの本を手にしたとき，小平先生が「これは確率の本だそうだけれども，これは確率かねえ」と言ったという逸話があります（高橋，2011）．

S　それほど難しい話なんですね．

A　難しい話はおいといて，このコルモゴロフの公理から無限集合の確率も有限集合の確率と同様に扱えるので，負の二項分布の確率計算が保証されます．一番単純な $r=1$ の場合，どうなりますか？

S　えーと，$q=1-p$ とおくと，

$$\sum_{n=1}^{\infty} \mathrm{NB}(n;1,p) = p + qp + q^2 p + q^3 p + \cdots$$
$$= p(1 + q + q^2 + q^3 + \cdots)$$
$$= \frac{p}{1-q} = 1$$

という等比級数(幾何級数)となります.なるほど,この場合は簡単ですね.

A この場合を特別に幾何分布と呼びます.負の二項分布の定義より以下の関係が分かります.

$$\mathrm{NB}(n+1;r+1,p) = \binom{n}{r} p^{r+1}(1-p)^{n-r} = p\mathrm{Bi}(r;n,p)$$

S 数式から明らかですね.

A したがって二項分布において

$$\sum_{n=r}^{\infty} \mathrm{Bi}(r;n,p) = \frac{1}{p}$$

となります.また以下の総和公式が成立します.

$$\sum_{i=0}^{r} \mathrm{Bi}(i;n,p) = \sum_{j=r}^{\infty} \mathrm{NB}(j+1;r+1,p) \tag{2.1}$$

S えーと,本当ですか?

A これはほとんど自明な公式で「$r+1$ 回の成功が起こるまでに $n+1$ 回の試行を必要とする(右辺)ということは,n 回目までの試行では高々 r 回の成功しか起こらなかった(左辺)ということ」を意味しています(竹内・藤野,1981).

S うーん.r についての下側確率と,n についての上側確率が一致するわけですね.

A 証明が気になるなら,赤嶺(2010)を参照してください.この公式から n についての一様分布が PMP(Probability Matching Prior, 確率一致事前分布)となることが分かります.

S PMP とは何ですか?

A PMP は「事後確率と被覆確率とが正確にもしくは近似的に一致するような事前分布」と定義されています(Dey and Rao, 2011).被覆確率とは帰無仮説を用いて推定した信頼区間が真のパラメータ値を含んでいる確率です.つまり PMP とはベイズ統計で推定した事後分布の確率区間が,ネイマン・ピアソン流で求めた信頼区間とほぼ一致するような事前分布のことです.

S そうすると (2.1) 式の左辺は確率変数 r の確率だからネイマン・ピアソン流の被覆確率を,右辺はパラメータ n の確率だからベイズ統計の事後確率を意味しているわけですね.しかし,この本には PMP は絶対的な条件ではなく,「望ましい性質の 1 つ」であると書いていますが….

A 区間推定の基本は HDR(Highest Density Region, 最高密度領域)です.しかし (2.1) 式のような「片側確率がベイズの事後分布と従来の信頼区間とで一致する」という条件では,HDR は

必ずしも一致しません（赤嶺，2002）．

S　どうしてですか？　そもそも HDR というのは？

A　その領域内の点の確率密度が，領域外の点の確率密度よりも高い領域です．これを用いた推定区間の幅は最短となります（照井，2010）．この話の続きはベータ分布のところで行います．

S　ところで，どうして負の二項分布と呼ぶのですか？

A　s を失敗数として，$n=r+s$ とおくと，

$$\mathrm{NB}(n;r,p) = \binom{r+s-1}{r-1} p^r (1-p)^s = \binom{-r}{s} p^r (p-1)^s$$

と変形できるからです．

S　えーと，

$$\binom{r+s-1}{r-1} = \frac{(r+s-1)!}{(r-1)!s!} = \frac{(r+s-1)(r+s-2)\cdots r}{s!}$$

$$= \frac{(-r)(-r-1)\cdots(-r-s+1)}{s!}(-1)^s = \binom{-r}{s}(-1)^s$$

となるから，確かにそうなりますね．

A　ここで負の二項分布の平均と分散を求めてみてください．

S　負の二項分布の定義より，

$$\sum_{x=r}^{\infty} P(x) = \sum_{x=r}^{\infty} \binom{x-1}{r-1} p^r q^{x-r} = 1$$

なので，平均は

$$E(x) = \sum_{x=r}^{\infty} x P(x) = \frac{r}{p} \sum_{x=r}^{\infty} \binom{x}{r} p^{r+1} q^{x-r} = \frac{r}{p}$$

となります．

A　分散の方は公式

$$V(x) = E(x^2) - [E(x)]^2$$

が使えます．

S　この場合は，えーと，

$$E(x^2) = E[x(x+1) - x] = E[x(x+1)] - E(x)$$

とすれば OK なので，

$$E[x(x+1)] = \frac{r(r+1)}{p^2} \sum_{x=r}^{\infty} \binom{x+1}{r+1} p^{r+2} q^{x-r} = \frac{r(r+1)}{p^2}$$

となるから,

$$V(x) = \frac{r(r+1)}{p^2} - \frac{r}{p} - \left(\frac{r}{p}\right)^2 = \frac{rq}{p^2}$$

を得ます. このような計算はパターンが同じなので, 慣れれば簡単ですね.

A 負の二項分布は n についての確率なので, 底曳き網の総尾数 n の推定に使えそうです.

S しかし負の二項分布を適用するのであれば, 最後のつまり n 番目の魚を必ず漁獲する必要がありますけど.

A 底曳き網では n 番目の魚を漁獲するか逃がすかは不明です. ですからこのままでは適用できません. そこでちょっとしたトリックを使います. 実際の現場には n 尾しかいませんが, 一番最後に $n+1$ 尾目を漁獲したと考えます. このとき総漁獲尾数は $r+1$ 尾となります (赤嶺, 2014).

S うーん. なんかインチキ臭いやり方ですね. でも確かにこれで負の二項分布が適用できます. したがって n の確率分布は

$$P(n) = \mathrm{NB}(n+1; r+1, p) = \binom{n}{r} p^{r+1} (1-p)^{n-r}$$

となります. これから n の 95% 区間を HDR で求めればよいのですね. これは最初に考えたネイマン・ピアソン流の 95% 信頼区間と一致するのでしょうか?

A じつは先ほどの公式 (2.1) がそれを保証しています.

S ああ, そうでした. しかし区間の解釈は異なるのでしょう.

A ええ. 従来の教科書に書かれているように, ネイマン・ピアソン流では信頼区間はパラメータの真の値を含むか含まないかのどちらかで, その確率は「被覆確率」を意味しています. 例えば 95% 信頼区間の場合は 100 回推定した場合, そのうちのほぼ 95 回が真の値を含んでいることになります.

S それに対して負の二項分布を用いた場合では, その区間内に真の値が存在する確率を与えますね. こちらの方が直接的で理解しやすいです.

A ここからベイズ統計の話になりますが, 二項分布モデルにおいて n の事前分布を $r \sim \infty$ における一様分布と仮定します. そうするとどうなりますか?

S 一様分布を $r \sim \infty$ まで積分すると積分値は ∞ になってしまいます.

A このような事前分布を変則事前分布と呼ぶみたいですけど, あまり気にしなくてよいと思います. 数学的には $r \sim N$ まで積分して最後に $N \to \infty$ としますけど, 実際には $N = 10^{40}$ くらいで止めて OK ですから. とりあえず n について総和を考えると, 負の二項分布の公式から

$$\sum_{n=r}^{\infty} \text{Bi}(r;n,p) = \frac{1}{p}$$

となるので，事後確率は

$$\text{Post}(n) = p\text{Bi}(r;n,p) = \binom{n}{r} p^{r+1}(1-p)^{n-r}$$

で与えられます．

S　ああ，これは先ほどの負の二項分布モデルと同じですね．

A　ええ，両者は完全に一致します．このようにベイズ統計は簡単な事例では自然に出てきます．決して難しい概念ではありません．

S　ということは，負の二項分布を扱うと，じつは n の事前分布に一様分布を，そして尤度に二項分布を仮定したベイズ統計を知らず知らずに使っていることと同じ，ということになりますね．

A　そのような解釈もできます．

2・3　ソーバーのパラドックス

A　ところでソーバー（2012）は二項分布と負の二項分布における検定の違いを紹介しています．

「ソーバーのパラドックス」
$n = 20$，$r = 6$ の場合に帰無仮説「$H_0 : p = 0.5$」を検定すると，
(a) 二項分布では $r = 0 \sim 6$ および $14 \sim 20$ の確率は 0.115 となるから，$\alpha = 0.05$ で棄却できない．
(b) 負の二項分布では $n = 20 \sim \infty$ となる確率は 0.0319 となるから，$\alpha = 0.05$ で棄却できる．

これは奇妙な話です．

S　この本は統計学の本ですか？

A　そうではなくて，「数理哲学」の本です．

S　(a) はあらかじめ試行回数を 20 回に決めて試行したところ，たまたま 6 回成功した場合，(b) はあらかじめ成功数を 6 回と決めて試行したところ，たまたま 20 回目で終了した場合ですね．(a) と (b) で値が大きく異なりますが，原因は何でしょうか？

A　じつはこのような指摘は既に繁桝（1985）にあります．二項分布モデルにおける p の不偏推定量は r/n で，この場合は $6/20 = 0.3$ です．一方，負の二項分布モデルにおける p の不偏推定量は $(r-1)/(n-1)$ で，この場合は $5/19 = 0.263$ となるから，かなり小さくなります．この式は「負の二項分布で p を推定する場合は，最後のデータを捨てる必要がある」ことを意味しています．最初に演習問題として後者の不偏推定量を求めてみてください．

S　えーと，負の二項分布において期待値の定義から，

$$E\left(\frac{r-1}{n-1}\right) = \sum_{n=r}^{\infty} \frac{r-1}{n-1} \mathrm{NB}(n;r,p) = p\sum_{n=r}^{\infty} \binom{n-2}{r-2} p^{r-1} q^{n-r} = p$$

となるので，これで OK です．先ほどの計算と同じですね．

A 成功率 p の検定を行うのに，(a) では成功数 r の確率分布を利用し，(b) では試行数 n の確率分布を利用しています．単純に考えれば，p の推定値 r/n は二項分布では不偏であり，負の二項分布では偏っているのだから，この問題では二項分布を用いるべきです．極端な例を考えると，$p=0$ のときに二項分布では正しく推定されますが，負の二項分布では永遠に試行しなくてはなりません．また負の二項分布において $r=1$ と設定して $n=1$ というデータが得られたとき，これから $p=1$ と推定するのはかなり乱暴です．

S 確かにこの問題で負の二項分布を用いるのは不自然な気がします．

A それでは二項分布で正しく検定してみてください．

S 二項分布では $n=20$，$p=0.5$ のとき表 2-1 および図 2-1 となります．このときの二項分布は左

表 2-1　二項分布の確率と累積確率（$n=20$, $p=0.5$）

r	確率	累積確率
0	0.00000	0.00000
1	0.00002	0.00002
2	0.00018	0.00020
3	0.00109	0.00129
4	0.00462	0.00591
5	0.01476	0.02069
6	0.03696	0.05766
7	0.07393	0.13159

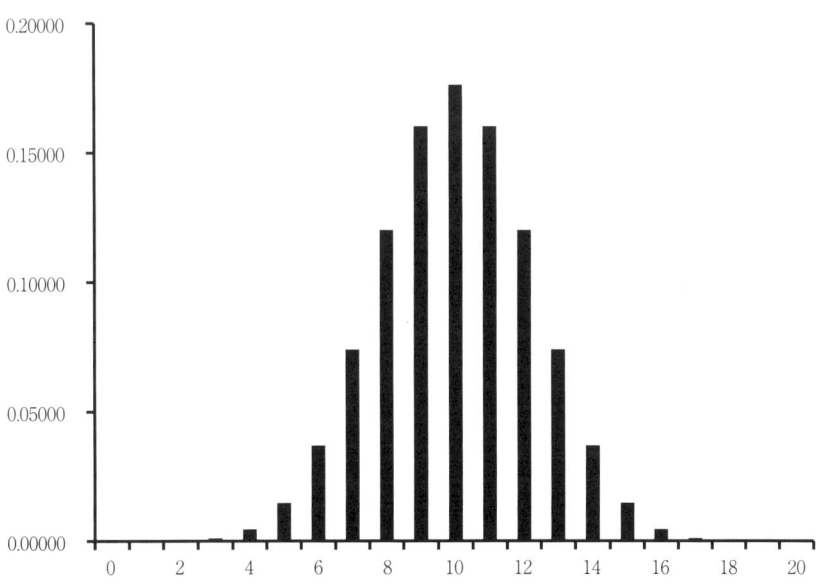

図 2-1　二項分布（$n=20$, $p=0.5$）

右対称です．$r=0\sim 6$ の確率が 5.766％だから，片側 2.5％の棄却域では棄却できません．(a) と一致します．

A 負の二項分布ではどうなりますか．

S 負の二項分布では $r=6$，$p=0.5$ のとき (b) のように棄却されます．これは最後に必ず成功するため p の検定精度が悪くなるからです．参考までに $r=7$，$p=0.5$ のときを計算すると表 2-2 および図 2-2 となります．$n=21\sim\infty$ となる確率は $1-0.94234=0.05766$ となっていて，二項分布の値と完全に一致します．これは（2.1）式が成立しているからです．

A なお表 2-2 で厳密に棄却域を考えると，$n=7$ の確率の方が $n=21$ の確率よりも小さいので，棄却域は $n=7$，$21\sim\infty$ となって確率は 0.06547 となります．これは 5％よりも大きいから棄却できません．

S ということは，負の二項分布でもデータ数を増やせば正しく検定できるわけですね．しかし p を検定する場合には二項分布の方が素直で精度が高いわけだから，ソーバー（2012）は問題の設

表 2-2 負の二項分布の確率と累積確率（$r=7$，$p=0.5$）

n	確率	累積確率	n	確率	累積確率
7	0.00781	0.00781	15	0.09164	0.69638
8	0.02734	0.03516	16	0.07637	0.77275
9	0.05469	0.08984	17	0.06110	0.83385
10	0.08203	0.17188	18	0.04721	0.88106
11	0.10254	0.27441	19	0.03541	0.91647
12	0.11279	0.38721	20	0.02588	0.94234
13	0.11279	0.50000	21	0.01848	0.96082
14	0.10474	0.60474	22	0.01294	0.97376

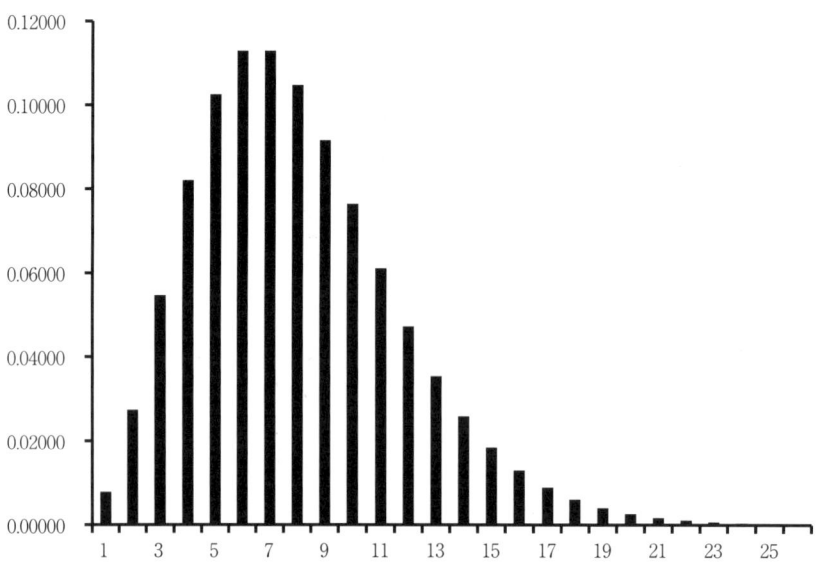

図 2-2 負の二項分布（$r=7$，$p=0.5$）（横軸の目盛値は $n-6$）

定自体がおかしいように思います．

A その通りです．ただしこの問題をソーバーは紹介して議論しているので，ソーバー以外にも問題設定を間違っている研究者がたくさんいることになります．

2・4 ベータ分布

A 成功率 p を検定するためにベイズ統計を用いるのであれば，直接 p の確率分布を考えた方が簡単です．p の事前分布を $p=0 \sim 1$ における一様分布と仮定して，二項分布

$$\mathrm{Bi}(r;n,p) = \binom{n}{r} p^r (1-p)^{n-r}$$

を p について $0 \sim 1$ で積分して，事後分布を求めてみてください．

S これは第1章の壺実験と同じですね．あの場合は離散分布でしたが，この場合は連続分布なので，えーと，この積分はベータ関数でしたっけ？

A ええ．ベータ関数は組合せ数を一般化した関数で，

$$\mathrm{B}(x,y) = \int_0^1 p^{x-1}(1-p)^{y-1} \mathrm{d}p = \frac{\Gamma(x)\Gamma(y)}{\Gamma(x+y)} = \frac{(x-1)!(y-1)!}{(x+y-1)!}$$

となります．ここで $\Gamma(x) = (x-1)!$ はガンマ関数で，階乗を一般化した関数です．

S ということは，

$$\int_0^1 p^r (1-p)^{n-r} \mathrm{d}p = \mathrm{B}(r+1, n-r+1) = \frac{r!(n-r)!}{(n+1)!}$$

となるから，

$$\int_0^1 \mathrm{Bi}(r;n,p) \mathrm{d}p = \frac{1}{n+1}$$

となります．

A これはトーマス・ベイズ自身が考えた例です．ここでベータ分布を

$$\mathrm{Be}(p;\alpha,\beta) = \frac{1}{\mathrm{B}(\alpha,\beta)} p^{\alpha-1}(1-p)^{\beta-1}$$

と定義します．

S そうすると，

$$\mathrm{Be}(p;r+1, n-r+1) = (n+1)\mathrm{Bi}(r;n,p)$$

ですね．つまり事後分布はベータ分布になります．

A この場合にも

$$\int_0^p \text{Be}(t;r+1,n-r)\mathrm{d}t = \sum_{i=r+1}^{n} \text{Bi}(i;n,p)$$

または

$$\int_0^p \text{Be}(t;r+1,n-r+1)\mathrm{d}t = p\text{Bi}(r;n,p) + \sum_{i=r+1}^{n} \text{Bi}(i;n,p)$$

という公式が成立します．つまりベータ分布の p の下側確率と，二項分布の r の上側確率が一致します．

S ということは，この場合も PMP となるわけですね．しかし積分が出てくると難しく感じます．

A 部分積分で簡単に導けます．なおベータ分布とガンマ分布の関係については第6章で説明します．ではソーバーの例について表計算ソフトの組込み関数にあるベータ分布で計算してみてください．$r=6$，$n=20$ なので $\alpha=7$，$\beta=15$ です．

S きざみ幅を 0.001 にして計算した結果は表 2-3 および図 2-3 のようになりました．確率密度の

表 2-3　ベータ分布の確率密度と累積確率（$\alpha=7$，$\beta=15$）

p	確率密度	累積確率
0.140	0.74191	0.02029
0.141	0.76177	0.02104
0.142	0.78191	0.02181
0.290	4.00505	0.40930
0.300	4.02442	0.44948
0.310	4.00554	0.48966
0.490	0.90732	0.95242
0.500	0.77625	0.96082
0.510	0.65882	0.96799

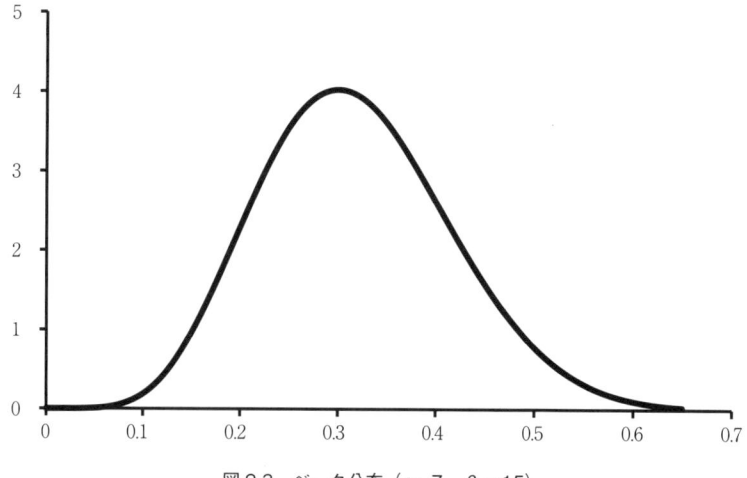

図 2-3　ベータ分布（$\alpha=7$，$\beta=15$）

高い部分から採用していくと，$p = 0.141 \sim 0.500$ の区間の確率が $96.082 - 2.104 = 93.978\%$ となります．これが HDR です．この場合も $p = 0.500$ は 95% HDR 区間に含まれているので棄却できません．

A 予想通りの結果ですね．なお片側確率が一致する性質を用いて二項分布の p の「正確な検定」や推定を，F 分布またはベータ分布で行う手法があります．同様にポアソン分布の正確な検定ではカイ二乗分布またはガンマ分布を用います．証明は簡単なので小寺（1986）などを参照してください．PMP のところで話したように，片側検定や片側推定のときのみ正確で，HDR では一致しません．

S それはどうしてですか？

A 極端な例を考えると理解しやすいと思います．二項分布のパラメータ p が 0.5 に近い部分では確率変数 r は正規分布に従うため，r の棄却域は両側とも 2.5% になります．ですから片側確率を一致させた場合，p の事後分布の上側棄却域は 2.5% になります．

S そうですね．

A 一方，p が 0 に近い部分では確率変数 r はポアソン分布に従うため，r の棄却域はほぼ上側 5% になります．したがって片側確率を一致させた場合，p の事後分布の下側棄却域もほぼ 5% になります．

S うーん，上側が 2.5%，下側が 5% ですか．困りましたね．

A つまり伝統的統計学およびベイズ統計において，両者とも HDR で区間推定すると片側確率が一致しなくなるので，推定区間を一致させることは困難です．しかし通常は HDR ではなくて棄却域を便宜的に両側とも 2.5% にしていますから，その場合は「片側確率がベイズの事後分布と従来の信頼区間とで一致する」という条件を満たす事前確率を採用すれば，両者の推定区間が一致します．

S なるほど，了解しました．

2・5 HDR と PMP

S 事後分布が負の二項分布やベータ分布になると，事前分布が正当化される気がします．

A 事後分布が見慣れた分布になるかどうかは主観的な問題です．やはり PMP になるかどうかが重要でしょう．

S いつも一様分布が PMP となるのですか？

A そんなことはなくて，超幾何分布（hypergeometric distribution）

$$\text{HG}(r; n, M, N) = \frac{\binom{M}{r}\binom{N-M}{n-r}}{\binom{N}{n}}$$

において $p = M/N$ とすると，

$$dp = -\frac{M}{N^2}dN$$

となることから，N の事前確率を

$$\pi(N) = \frac{M+1}{(N+1)(N+2)} \qquad (2.2)$$

とおくと，これが N についての PMP となります．つまり

$$\sum_{N=M+n-r}^{\infty} \pi(N)\mathrm{HG}(r;n,M,N) = \frac{1}{n+1}$$

および

$$\sum_{k=N}^{\infty}(n+1)\pi(k)\mathrm{HG}(r;n,M,k) = \frac{M+1}{N+1}\mathrm{HG}(r;n,M,N) + \sum_{i=r+1}^{n}\mathrm{HG}(i;n,M+1,N+1)$$

という公式が成立するので，r の上側確率と，事後分布における N の上側確率が一致します（赤嶺，2002, 2007）．

S ここの π は円周率とは違いますよね．

A ええ，アルファベットの p に対応するギリシャ文字なので，事前確率などで用います．この場合，事後分布では横軸に累積事前確率を，縦軸に尤度をとると，面積が事後確率となるので理解しやすいと思います（赤嶺，2010）．問題は HDR の作り方です．

S といいますと？

A ベイズの定理は

$$事後確率 \propto 事前確率 \times 尤度$$

なので，HDR は事後確率の大きい部分から採用すべきです．これは数学的な要請です．しかしここでは PMP となるように便宜的に (2.2) 式を事前確率として採用していますから，伝統的統計学と結果が一致するように，HDR は尤度の大きい部分から採用すべきだと思います．

S つまりベイズの定理と，最尤法および尤度比検定との折衷というわけですか．

A その通りです．統計学は便宜的というか，実学なので，いろいろな手法を用いても結果はほとんど一致することが重要だと思います．

S 了解しました．ところで PMP 以外の事前分布はどのようなものがありますか？

A いろいろ提唱されています．二項分布の p についてはジェフリーズの基準に基づく

$$\pi(p) \propto \frac{1}{\sqrt{p(1-p)}}$$

や，経験ベイズに基づく

$$\pi(p) \propto \frac{1}{p(1-p)}$$

が提唱されています（図2-4）.

S どちらもU字型で，$p=0$ および $p=1$ で無限大になっていますね．

A 二項分布の p については一様分布がPMPなので，このような事前分布をわざわざ用いる必要はないと思います．

S そうですね．ところで最近のベイズ統計では階層モデルにおいてMCMC法を用いるのが主流のようですけど（岸野，1999）．

A ええ．柔軟性があって使いやすいようです．しかし階層モデルというのは，天動説における周転円のような印象を受けます．

S 周転円ですか？

A 天動説でも周転円を用いれば，観測データと完全に一致させることができます（久賀，1992）．ですから実験や観測で正否を判定することは困難です．

S ではどうすればいいんですか．

A よりシンプルで，誰もが納得しやすい事前分布を採用するのが現実的でしょう．

S 分かりました．しかしベイズ統計でPMPを事前分布に採用するなら，従来の伝統的統計学だけで十分な気もしますけど．

A ネイマン・ピアソン流の統計学は厳密なので，事後分布の作図さえ禁止されていたように思います．そもそも伝統的統計学には事後分布など存在しませんから．

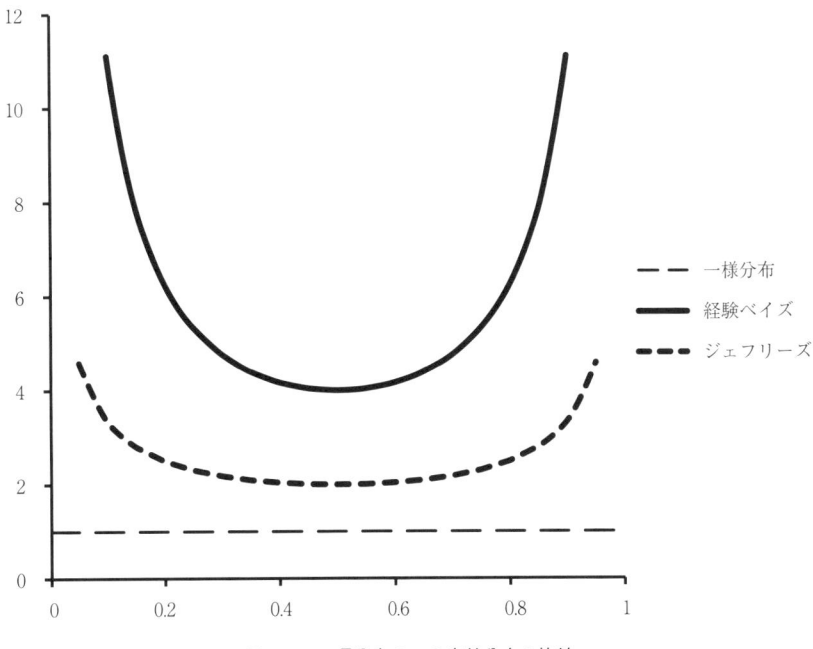

図2-4 二項分布の p の事前分布の比較

S　それで統計学の勉強が難しくなるわけですね．

A　ベイズ統計を徹底的に攻撃したフィッシャーでさえ，フィデューシャル確率などというパラメータの確率を提唱したり，「もし逆確率のなかにはエラー以外何ものもなかったとしたならば，その逆確率は決してラプラスやポアッソンの心を奪わなかったはずだという疑問が残る」などと書いています（薹谷，1988）．

S　なるほど．ベイズ統計ではパラメータの確率を普通に論じることができ，事後分布を自由に描くことができるというメリットがあるのですね．

2・6　有限補正

A　ところで先日，水産工学研究所のUさんから問い合わせがありました．

S　どのような質問ですか？

A　Uさんの知人で，南米のある国で農業指導をされている方からの質問でした．

（質問1）
　陸稲の種子を農家の方々に配布し，その後，栽培を継続する意志があるかどうかアンケートを取って決めたい．配布に賛成する比率 p が 0.5 を超えるかどうかで判定したいが，許容誤差を1％または5％として，適正なサンプルサイズをどのように決めたらよいか？

S　サンプル数の問題ですね．実際に農業や漁業の現場で必要なんですね．

A　母比率の区間推定からサンプル数を決めることができます．赤嶺（2007）の(3.22)–(3.24)式を用いればサンプル数を検討できます．サンプル数 n と賛成数 r によって精度が異なりますから，(3.22)式

$$p = \frac{r}{n} \pm z\sqrt{\frac{1}{n}\frac{r}{n}\left(1 - \frac{r}{n}\right)}$$

で十分でしょう．

S　これで一件落着ですか．1％なら $z=2.58$，5％なら $z=1.96$ ですね．

A　ところがその後，次のような質問が来てしまいました．

（質問2）
　サンプルサイズを大きくして試算したところ2,000件くらいのサンプルをとっても信頼区間はかなり大きくなりました．これは，母集団全体の個数が2,080件という比較的少ない数であるという条件を取り込んでいないために起こるのではと思います．おそらく，信頼区間はもっと狭いのではと想像されます．通常は，母集団の個数が数十万とか数百万の場合の計算でそれから何千件のサンプルを取るというようなケースがほとんどです．ところが本件の場合は母集団の数が少ないため100～200件のサンプルであっても，抽出率は5％とか10％とかかなり大きな数になります．その場合，どのような式で計算すればいいんでしょうか？

S　ああ，これは有限補正の問題ですね．
A　ええ，

$$p = \frac{r}{n} \pm z\sqrt{\frac{N-n}{N-1}}\sqrt{\frac{1}{n}\frac{r}{n}\left(1-\frac{r}{n}\right)}$$

と補正すればOKです．それでは例として$n=100$をやってみてください．

S　$p=0.5$，$N=2080$なので，この式に代入して95%区間を計算すると，

$$p = 0.5 \pm 1.96\sqrt{\frac{1980}{2079}}\sqrt{\frac{1}{100}\frac{1}{2}\left(1-\frac{1}{2}\right)}$$

$$= 0.5 \pm 1.96 \times 0.9759 \times 0.05$$
$$= 0.404,\ 0.596$$

となりました．$p=0.40\sim0.60$です．まあまあです．

A　もうひとつ$n=2000$をやってみてください．

S　同様に95%区間を求めると，

$$p = 0.5 \pm 1.96\sqrt{\frac{80}{2079}}\sqrt{\frac{1}{2000}\frac{1}{2}\left(1-\frac{1}{2}\right)}$$

$$= 0.5 \pm 1.96 \times 0.1962 \times 0.01118$$
$$= 0.4957,\ 0.5043$$

となるから，$p=0.496\sim0.504$です．全数調査に近いから高精度ですね．もし有限補正項がないとすると，ここまで精度の高い数字にはなりません．

A　この例についてベイズ統計でやってみるとどうなりますか？　この場合は超幾何分布においてMの事前分布を一様分布と仮定してOKです．

S　えーと，$p=M/N$だからpが一様分布のとき，Mも一様分布になるからですね．超幾何分布においてMの事前分布を一様分布と仮定すると，

$$\mathrm{Post}(M;r,n,N) = \frac{n+1}{N+1}\mathrm{HG}(r;n,M,N)$$

となります（赤嶺，2002）．$n=2000$，$p=0.5$だから$r=1000$，$N=2080$のときMの事後分布のHDRを求めると（表2-4），

$$M = 1031\sim1049\ (96.35\%)$$

となるから，

$$p = M/N = 0.4957\sim0.5043\ (96.35\%)$$

表 2-4 超幾何分布の M の事後分布の確率
($r=1000$, $n=2000$, $N=2080$)

M	確率	累積確率
1000	3.78E − 24	3.78E − 24
1030	0.0079218	0.0182628
1031	0.0125458	0.0308087
1032	0.0188995	0.0497082
1039	0.0851571	0.4563989
1040	0.0872022	0.5436011
1041	0.0851571	0.6287582
1048	0.0188995	0.9691913
1049	0.0125458	0.9817372
1050	0.0079218	0.9896589

となって 96.4% 区間となりますが，p の値はほとんど一致します．

A この場合のベイズ統計も有効ですね．

S ところで有限補正項の式はどうやって求めるのですか？

A 組合せ数を用いたやり方は黒田（1979）や安藤（2001）を参照してください．ここでは二項分布と超幾何分布の分散を比較して求めてみましょう．

S 二項分布は復元抽出，超幾何分布は非復元抽出でしたね．

A 二項分布の分散は計算できますか？

S 簡単です．平均は定義より

$$E(r) = \sum_{r=0}^{n} rP(r) = \sum_{r=0}^{n} r\binom{n}{r}p^r(1-p)^{n-r} = np\sum_{r=1}^{n}\binom{n-1}{r-1}p^{r-1}(1-p)^{n-r} = np$$

となります．分散は公式から

$$V(r) = E(r^2) - [E(r)]^2 = E[r(r-1)] + E(r) - [E(r)]^2$$

が使えます．平均と同様の計算を行うと，

$$E[r(r-1)] = n(n-1)p^2$$

となるから，結局

$$V(r) = n(n-1)p^2 + np - (np)^2 = np(1-p)$$

を得ます．

A よくできました．では超幾何分布ではどうなりますか？

S 同様の計算を行うと，結果は二項分布から予想できて，

$$E(r) = \sum_{r=0}^{n} rP(r) = \sum_{r=0}^{n} \frac{r\binom{M}{r}\binom{N-M}{n-r}}{\binom{N}{n}} = \sum_{r=1}^{n} \frac{M\binom{M-1}{r-1}\binom{N-M}{n-r}}{\frac{N}{n}\binom{N-1}{n-1}} = n\frac{M}{N}$$

となります（$p = M/N$）．分散の方も同様の計算を行うと，

$$E[r(r-1)] = \frac{n(n-1)M(M-1)}{N(N-1)}$$

となるから，続きは………面倒ですね．しかし結果は予想できるので，

$$V(r) = \frac{n(n-1)M(M-1)}{N(N-1)} + \frac{nM}{N} - \left(\frac{nM}{N}\right)^2 = \frac{N-n}{N-1}n\frac{M}{N}\left(1 - \frac{M}{N}\right)$$

となります．

A したがって分散の式を比較すれば，有限補正項 $(N-n)/(N-1)$ が得られます．

S やれやれです．

文　献

赤嶺達郎（2002）：枠どり法と Petersen 法の区間推定における伝統的統計学とベイズ統計学との比較．水産総合研究センター研究報告，**2**，25-34．

赤嶺達郎（2007）：水産資源解析の基礎．恒星社厚生閣．

赤嶺達郎（2010）：水産資源のデータ解析入門．恒星社厚生閣．

赤嶺達郎（2014）：水産資源研究のための数学特論．水産総合研究センター研究報告，**38**，43-59．

安藤洋美（2001）：大道を行く高校数学　統計数学編．現代数学社．

Dey D. K. and Rao C. R.（2011）：ベイズ統計分析ハンドブック．朝倉書店．

岸野洋久（1999）：生のデータを料理する．日本評論社．

小寺平治（1986）：明解演習　数理統計．共立出版．

久賀道郎（1992）：ドクトル・クーガーの数学講座（2）．日本評論社．

黒田孝郎（1979）：統計と確率．講談社．

マグレイン（2013）：異端の統計学ベイズ．草思社．

蓑谷千凰彦（1988）：推定と検定のはなし．東京図書．

森　毅（1983）：数学プレイマップ．日本評論社．

繁桝算男（1985）：ベイズ統計入門．東京大学出版会．

ソーバー（2012）：科学と証拠　統計の哲学入門．名古屋大学出版会．

高橋陽一郎（2011）：伊藤清の数学．日本評論社．

竹内　啓・藤野和建（1981）：2項分布とポアソン分布．東京大学出版会．

照井信彦（2010）：R によるベイズ統計分析．朝倉書店．

第3章 ランダム・ウォークと対数正規分布

この章では乱数を用いた簡単な資源変動モデルや行列モデルを検討しますが，これらはランダム・ウォークに含まれます．ともに対数正規分布に従うので，対数正規分布のパラメータ推定を解説します．関連して有名なペテルスブルグの賭についての統計学的な解釈を示し，対数二項分布および対数幾何分布と名づけた確率分布についても検討します．

3・1　対数正規分布

　S君　以前，環境変動の影響を組み込んだ行列モデルを検討しましたね（赤嶺，2010）．

　A先生　ああ，レフコビッチ行列モデルでしたね．要するに「ランダム・ウォーク」の話です（Akamine and Suda, 2011）．

S　なるほど，ランダム・ウォークだったんですか．

A　最初に1変数モデルから始めましょう．「平均値のパラドックス」はご存知ですか？

S　初耳です．

A　1変数の資源変動モデルを

$$N(t+1) = N(t)\lambda(t)$$

と定義します．

S　もっともシンプルなモデルですね．Nは資源尾数，λは成長率です．

A　λが一定なら等比数列モデルですが，$\lambda(t)$は環境変動に従って変動します．両辺の対数をとってみてください．

S　簡単です．

$$\ln N(t+1) = \ln N(t) + \ln \lambda(t)$$

となります．

A　ここで

$$r(t) = \ln \lambda(t)$$

とします．生態学ではrを「内的自然増加率」と呼びます．

S　r が変動するということは，このモデルは $\ln N$ についてのランダム・ウォークですね．

A　その通りです．単純なランダム・ウォークは二項分布になりますから，正規分布で近似できます．

S　簡単な話ですね．それで平均値のパラドックスとは何ですか？

A　このモデルにおいて良い環境下では $\lambda(t) = \alpha = 3.9$ で増加し，悪い環境では $\lambda(t) = \beta = 0.1$ で減少するとします．このとき期待値は算術平均 $E = (\alpha + \beta)/2 = 2$ となるから増加するはずなのに，幾何平均が $G = \sqrt{\alpha\beta} = 0.6245$ となるため減少するというパラドックスです（吉村，2012）．

S　それは何とも奇妙な話ですね．そういえば行列モデルも似たような話でした．

A　$\ln N$ が正規分布に従うということは，N は対数正規分布に従うということです．まず対数正規分布の確率密度を求めてみてください．$x = \ln y$ が正規分布するとき，y の分布が対数正規分布です．

S　確率の変数変換は

$$P(x)\mathrm{d}x = P(y)\mathrm{d}y$$

だから，

$$P(x) = \frac{1}{\sqrt{2\pi\sigma^2}} \exp\left[-\frac{1}{2}\frac{(x-\mu)^2}{\sigma^2}\right]$$

に適用すると，

$$P(y) = P(x)\frac{\mathrm{d}x}{\mathrm{d}y} = P(\ln y)\frac{1}{y} = \frac{1}{\sqrt{2\pi\sigma^2}\,y} \exp\left[-\frac{1}{2}\frac{(\ln y-\mu)^2}{\sigma^2}\right]$$

となります．

A　いくつか表計算ソフトで作図してみてください．

S　組込み関数で簡単に作図できます．横軸のきざみ幅を 0.1 として $\mu = 0$ のとき $\sigma = 1$，$\sigma = 0.5$，$\sigma = 2$ について作図しました（図 3-1）．$\sigma = 2$ のときは指数分布みたいな感じです．

A　$\sigma = 2$ のときは不正確ですね．モードは $e^{-4} = 0.018316$ にありますよ．

S　そうなんですか．それではきざみ幅を 0.002 にして 0.1 までを拡大してみます（図 3-2）．モードの高さは 1.4739 になります．

A　では対数正規分布のメディアン，モード，平均，および分散を求めてみてください．

S　えーと．変数変換しても確率の値は同じなので，メディアンの位置は変化しません．

$$\mathrm{Median}(x) = \mu$$

だから

$$\mathrm{Median}(y) = e^{\mu}$$

です．

A　よくできました．確率の変数変換を理解していれば簡単ですね．

S　モードについては

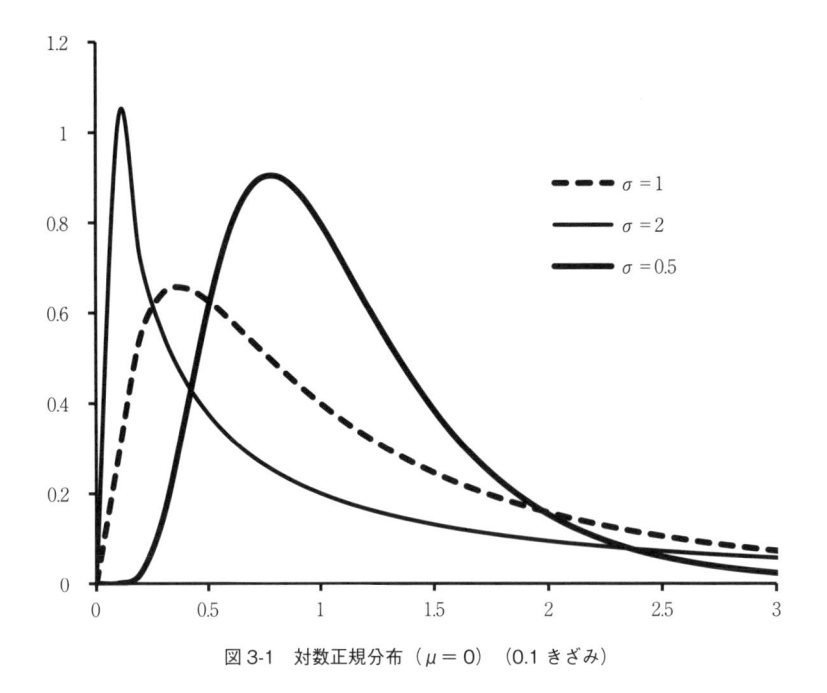

図 3-1 対数正規分布（$\mu = 0$）（0.1 きざみ）

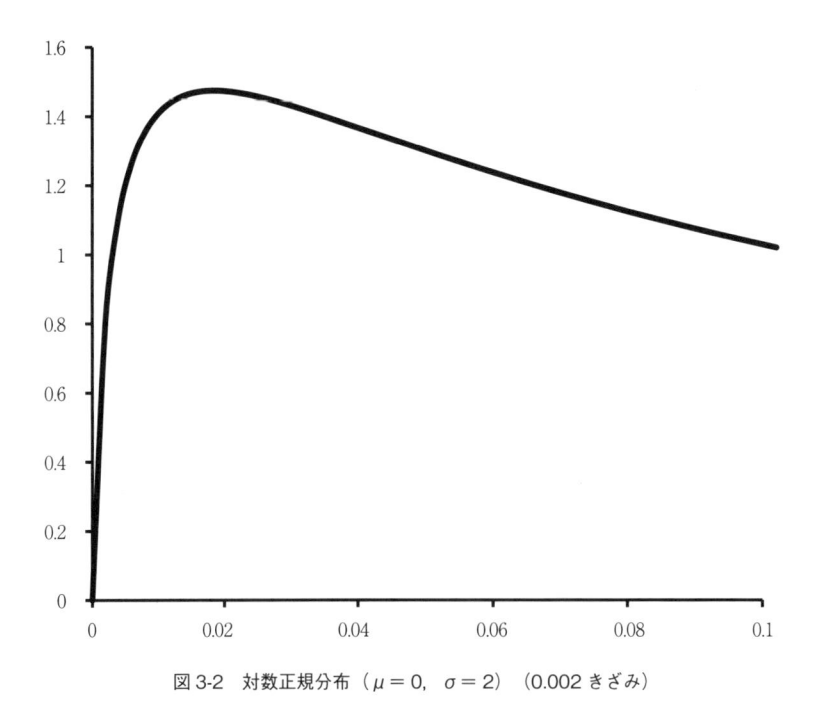

図 3-2 対数正規分布（$\mu = 0$, $\sigma = 2$）（0.002 きざみ）

$$\ln P(y) = -\frac{1}{2}\ln(2\pi\sigma^2) - \ln y - \frac{1}{2}\frac{(\ln y - \mu)^2}{\sigma^2}$$

を y について微分して，

$$\frac{1}{P}\frac{\mathrm{d}P}{\mathrm{d}y} = -\frac{1}{y} - \frac{\ln y - \mu}{\sigma^2}\frac{1}{y} = 0$$

とおくと，

$$\mathrm{Mode}(y) = \mathrm{e}^{\mu-\sigma^2}$$

を得ます．モードはメディアンよりも小さいですね．

A その通りです．

S 次に平均

$$E(y) = \int yP(y)\mathrm{d}y = \int_0^\infty \frac{1}{\sqrt{2\pi\sigma^2}}\exp\left[-\frac{(\ln y - \mu)^2}{2\sigma^2}\right]\mathrm{d}y$$

を求めてみます．$y = \mathrm{e}^x$ より $\mathrm{d}y = \mathrm{e}^x\mathrm{d}x$ を代入すると，

$$E(y) = \int_{-\infty}^\infty \frac{1}{\sqrt{2\pi\sigma^2}}\exp\left[-\frac{(x-\mu)^2}{2\sigma^2} + x\right]\mathrm{d}x$$

となります．ここで指数関数の中が，

$$-\frac{(x-\mu)^2}{2\sigma^2} + x = -\frac{(x-\mu-\sigma^2)^2}{2\sigma^2} + \mu + \frac{\sigma^2}{2}$$

と変形できるので，定数部分が積分の外にくくり出せて，

$$E(y) = \mathrm{e}^{\mu+\sigma^2/2}$$

を得ます．

A 平均はメディアンよりも大きくなることに注意してください．

S 同様にして分散を求めますと，

$$V(y) = \int (y - \mathrm{e}^{\mu+\sigma^2/2})^2 P(y)\mathrm{d}y$$

$$= \int (y^2 - 2\mathrm{e}^{\mu+\sigma^2/2}y + \mathrm{e}^{2\mu+\sigma^2})P(y)\mathrm{d}y$$

$$= \mathrm{e}^{2\mu+2\sigma^2} - 2\mathrm{e}^{2\mu+\sigma^2} + \mathrm{e}^{2\mu+\sigma^2}$$

$$= \mathrm{e}^{2\mu+\sigma^2}(\mathrm{e}^{\sigma^2} - 1)$$

となります．ここで

$$\int y^2 P(y)\mathrm{d}y = \int_{-\infty}^{\infty} \frac{1}{\sqrt{2\pi\sigma^2}} \exp\left[-\frac{(x-\mu)^2}{2\sigma^2} + 2x\right]\mathrm{d}x$$

において,

$$-\frac{(x-\mu)^2}{2\sigma^2} + 2x = -\frac{(x-\mu-2\sigma^2)^2}{2\sigma^2} + 2\mu + 2\sigma^2$$

と変形しました.

A これより対数正規分布では「標準偏差は平均に比例する」ことが分ります. それで平均値のパラドックスはどうなりますか.

S えーと, 期待値 (算術平均) は平均ですが, 幾何平均は

$$\sqrt[n]{\lambda_1 \cdots \lambda_n} = \exp\frac{\ln\lambda_1 + \cdots + \ln\lambda_n}{n} = \mathrm{e}^{\mu}$$

のように対数値の算術平均だから, メディアンになります. 正規分布では平均とメディアンは一致しますが, 対数正規分布では平均はメディアンよりも大きいですね.

A その通りです. これが平均値のパラドックスの正体です.

S なるほど. 平均でみると増加し, メディアンでみると減少するわけですね. どっちが正しいのですか？

A 確率論では平均が最重要です. しかし生態学ではメディアンやモードも重要です. 確率分布全体を把握するのが重要だと思います.

S 要するに「木を見て, 森を見ず」という話ですか.

A 先ほどの例で,

$$E^5 = \frac{(3.9+0.1)^5}{2^5}$$

を展開したときの各項, すなわち N の度数分布を求めてみてください.

S 簡単です. 結果は表 3-1 です.

A 一方, $\ln\alpha = 1.3610$, $\ln\beta = -2.326$ だから, $\ln N$ は

$$\mu = \frac{\ln\alpha + \ln\beta}{2}t = -0.47080t$$

$$\sigma^2 = \frac{(\ln\alpha - \ln\beta)^2}{4}t = 3.3554t$$

の正規分布で近似できます. したがって $t=5$ のとき, $\mu = -2.3540$, $\sigma^2 = 16.777$ となります.

S じっさい表 3-1 における $\ln N$ の標本分散は 16.777 です.

A この正規分布について「連続補正」して表計算ソフトを用いて確率 (面積) を求めてみてくだ

さい．

S　組込み関数を使えば簡単に計算できます．結果は表3-2のようになります．かなり良い近似ですね．

A　$\ln N$についてはよく一致していますが，Nについての積分区間が大きく変化することに注意し

表3-1　ランダム・ウォークの値

	N	$\ln N$	頻度	確率
	902.2	6.805	1	0.03125
	23.13	3.141	5	0.15625
	0.5932	−0.5222	10	0.3125
	0.01521	−4.186	10	0.3125
	0.00039	−7.849	5	0.15625
	0.00001	−11.51	1	0.03125
合計	1024	−75.33	32	1
平均	32	−2.354		

表3-2　正規分布近似の値

$\ln N$	区間	N	区間	確率
6.805	4.973 ～ 8.637	902.2	144.5 ～ 5634	0.03317
3.141	1.310 ～ 4.973	23.13	3.704 ～ 144.5	0.14873
−0.5222	−2.354 ～ 1.310	0.5932	0.09499 ～ 3.704	0.31446
−4.1858	−6.018 ～ −2.354	0.0152	0.002436 ～ 0.09499	0.31446
−7.849	−9.681 ～ −6.018	0.00039	0.0000624 ～ 0.002436	0.14873
−11.513	−13.345 ～ −9.681	0.00001	0.0000016 ～ 0.0000624	0.03317

表3-3　対数正規分布の値（$\mu = -2.3540$, $\sigma = 4.0960$）

N	確率密度	累積確率
0	0	0
1E−20	1.8800E−6	7.1547E−27
1E−15	3.8145	1.9576E−15
1E−10	2868.7	2.2459E−7
4.9143E−9	4508.2	2.1020E−5
0.00001	799.50	0.012674
0.0001	239.94	0.047074
0.001	52.500	0.13312
0.01	8.3745	0.29130
0.094986	1.0254	0.50000
0.10000	0.97390	0.50501
1	0.082571	0.71726
10	0.005104	0.87220
100	0.000230	0.95534
417.60	0.0000286	0.97972
1000	7.56E−6	0.98813
10000	1.81E−7	0.99762
100000	3.16E−9	0.99965
1000000	4.02E−11	0.99996
10000000	3.73E−13	1

てください．それではこの例について平均，分散，メディアン，モードの値を求めてみてください．

S　えーと，先ほどの公式を対数正規分布に用いると，

$$\begin{aligned}
\text{平均} &\quad e^{6.0345} = 417.60 \\
\text{分散} &\quad e^{12.069}(e^{16.777}-1) = 3.3708\times 10^{12} \\
\text{メディアン} &\quad e^{-2.3540} = 0.094986 \\
\text{モード} &\quad e^{-19.131} = 0.0000000049143
\end{aligned}$$

となります．すごい値になってしまいました．この対数正規分布の値を表3-3に示してみます．

A　かなり極端な確率分布ですね．$t=5$ のときの N の度数分布（表3-1）を計算すると，どうなりますか？

S　えーと，

$$\begin{aligned}
\text{平均} &\quad 32 \\
\text{分散} &\quad 24499 \\
\text{メディアン} &\quad (0.5932+0.01521)/2 = 0.3042 \\
\text{モード} &\quad 0.5932,\ 0.01521
\end{aligned}$$

となっていて，先ほどの値と全然一致しません．

A　これは対数二項分布と対数正規分布の違いです．

S　対数二項分布って何ですか？

A　対数値が二項分布に従う確率分布を「対数二項分布」と呼ぶことにしましょう．つまり

$$\ln X \sim \mathrm{Bi}(n, p)$$

です．

S　なるほど．対数正規分布の場合と同じですね．

A　対数正規分布は連続分布なので面積が確率を意味します．一方，対数二項分布は離散分布なので高さが確率を意味します．正規分布と二項分布では違いは小さいのですが，対数正規分布と対数二項分布では違いが大きくなるので注意してください．従来は $\ln N$ が正規分布に従うため，正規分布で平均値を求めたり区間推定を行ったりしていましたが，現在では表計算ソフトで実際に計算するほうがよいと思います．

S　ところで平均，メディアン，モードの違いが気になるのですけど．

A　データ解析の立場から見ると，モード（最頻値）は頻度の高い部分のデータさえあれば十分です．したがって頻度の低い部分のデータは不要です．

S　混合正規分布に従うデータなどはその通りですね．

A　メディアン（中央値）では端の方のデータは頻度だけ分かれば十分で，データ値は不要です．

S　平均では端の方のデータについてもデータ値が必要なので，統計学では一番重要な点推定値になるわけですね．納得しました．

3・2 ペテルスブルグの賭

S 今回のパラドックスの例ではすぐに絶滅するように見えますけど．

A もっと極端な例，つまり「$\alpha=4,\ \beta=0$」の場合を考えてみてください．

S ははあ，この場合は一度でも悪い環境になると絶滅しますね．

A このような環境では生存できないということでしょう．

S モデルとしては「宝くじ」と同じですね．ほとんどの人は外れですが，ごく一部の人だけ大当たりします．

A 宝くじは期待値が5割以下だそうですから，ほとんど当たりません（京極, 2012）．ところで「ペテルスブルグの賭」はご存知ですか？

S ええ，ダニエル・ベルヌイが提示した問題ですね．コインを投げて n 回目に初めて表が出たとき 2^n 円受け取るという賭の期待値を求める問題で，n 回目に初めて表が出る確率は $1/2^n$ だから期待値は，

$$2\times\frac{1}{2}+2^2\times\frac{1}{2^2}+\cdots+2^n\times\frac{1}{2^n}+\cdots=1+1+\cdots+1+\cdots=\infty$$

となります（小針, 1973）．

A パラドックスの代表みたいな問題で，無限にコインを投げることも無限大のお金を支払うことも不可能ですから，実際に期待値が無限大になることはありません．確率論は数学なので期待値が無限大になってしまいますが，統計学の立場ではどうなりますか？

S 表計算ソフトで n 回目に初めて表が出る確率とその累積確率を求めてみると表3-4のようになります．ここで99% HDR は $n=1\sim 7$ なので，7回目までに表が出ると限定すれば，期待値は7円です．

A 現実的に期待値が20円を超えることは起こりそうにないですね．トドハンター（1975）によるとビュッホンはこの実験で子供に2084回コインを投げさせたそうです．

S 大博物学者のビュッホンですね．

表 3-4 ペテルスブルグの賭の確率

n	確率	累積確率	n	確率	累積確率
1	0.5	0.5	11	0.000488	0.999512
2	0.25	0.75	12	0.000244	0.999756
3	0.125	0.875	13	0.000122	0.999878
4	0.0625	0.9375	14	0.000061	0.999939
5	0.03125	0.96875	15	3.05E−5	0.999969
6	0.015625	0.984375	16	1.53E−5	0.999985
7	0.007813	0.992188	17	7.63E−6	0.999992
8	0.003906	0.996094	18	3.81E−6	0.999996
9	0.001953	0.998047	19	1.91E−6	0.999998
10	0.000977	0.999023	20	9.54E−7	0.999999
			21	4.77E−7	1

A 若いころは数学もやっていて，確率論では「ビュッホンの針」の実験で有名です．
S このモデルは幾何分布（負の二項分布）に似ていますね．
A 幾何分布の確率変数は n ですが，このモデルの確率変数は $x=2^n$ です．したがってここでは「対数幾何分布」（対数負の二項分布）と呼ぶことにしましょう．
S なるほど．ダニエル・ベルヌイが対数 $y=\ln x=n\ln 2$ を確率変数にして効用関数を考えたのも納得できます．それにしても無限大と7円では差が極端ですね．
A 数学ではよくある話です．等比級数では

$$1+\frac{1}{2}+\frac{1}{4}+\frac{1}{8}+\frac{1}{16}+\cdots+\frac{1}{2^n}+\cdots=2$$

となりますが，調和級数では

$$1+\frac{1}{2}+\frac{1}{3}+\frac{1}{4}+\frac{1}{5}+\cdots+\frac{1}{n}+\cdots=\infty$$

となります．調和級数を実際に 1/10000 まで足してみてください．
S 実際に足すのは表計算ソフトでは 10,000 行もかかるし「桁落ち」も心配です．積分で評価すると，

$$\sum_{n=1}^{10000}\frac{1}{n}<1+\int_{1}^{10000}\frac{\mathrm{d}x}{x}=1+\ln 10000<10.211$$

となります．値が増えるのがこんなに遅いんですね．∫解しました．

3・3 シミュレーション

S それで今回の平均値のパラドックスはどういう結論になるのでしょうか？
A 統計学における検定や区間推定では出現頻度の少ない部分を切り捨てます．しかし生き残りのシミュレーションでは，個体数が1より小さくなった場合に死ぬと判定すべきでしょう．とりあえず実際に $\alpha=3.9$，$\beta=0.1$ のとき，個体数の小数点以下を切り捨てて，$N_0=1$ でシミュレーションしてみてください．
S $N_1=3.9$ と 0.1 ですが，小数点以下を切り捨てると $N_1=3$ と 0 です．以下同様に計算すると，

$$N_1 = 3, 0$$
$$N_2 = 11, 0\times 3$$
$$N_3 = 42, 1, 0\times 6$$
$$N_4 = 163, 4, 3, 0\times 13$$
$$N_5 = 635, 16, 15, 11, 0\times 28$$

となって，大部分のケースで絶滅します．
A $N_0=100$ だとどうなりますか？
S 同様に計算すると，

$N_1 = 390, 10$

$N_2 = 1521, 39 \times 2, 1$

$N_3 = 5931, 152 \times 3, 3 \times 3, 0 \times 1$

$N_4 = 23130, 593, 592 \times 3, 15 \times 3, 11 \times 3, 0 \times 5$

$N_5 = 90207, 2313, 2312, 2308 \times 3, 59 \times 4, 58 \times 3, 42 \times 3, 1 \times 6, 0 \times 20$

となります．絶滅もしますが，さっきよりはどんどん増えますね．

A $N_0 = 100,000$ だと？

S 表3-1のNを100,000倍したものと一致して，絶滅は起こりません．

A 対数正規分布において出現頻度の少ない右端部分を切り捨てると絶滅してしまいますが，今のシミュレーションのように右端部分を残せば絶滅しません．二項分布は拡散モデルなので，端の部分をどのように評価するかが重要です．今回のモデルは時間的なモデルですが，これを地理的な拡散モデルと解釈すれば，大部分が死滅しても生き残った一部分が大増殖すれば個体群は維持できる，ということを意味しているように思えます．

S なるほど．

A ランダム・ウォークは同じことの繰り返しですから，簡単に計算できます．水産資源では5年先，10年先まで予測できれば十分でしょう．昔は二項分布の計算が大変だったので，$n \to \infty$として正規分布やポアソン分布に近似していましたが，現代では簡単に計算できるので，$n = 5$や$n = 10$のときの値を具体的に求めるべきだと思います．

S そうですね．確かに生き残りのシミュレーションと統計学的推定は区別した方がよさそうです．しかしペテルスブルグの賭では頻度の少ない部分を無視し，生き残りのシミュレーションでは逆に頻度の少ない部分を重要視しているように見受けられますけど．

A 実際に$n = 5$や$n = 10$のときの確率を計算してみることが重要で，その後の対処方法はケース・バイ・ケースでしょう．たとえば受験の際には得点の上位者だけを採用して，下位を切り捨てます．また小さな確率でも重大な意味を持つことがあって，たとえばラザフォードがアルファ粒子を金箔にぶつけた実験では，大きく跳ね返された粒子が2,000個に1個くらい見つかりました（田中，1973；江沢，2004）．

S それで原子核の存在と大きさが判明したのですね．

A ところでレフコビッチ行列モデルはどうでしたっけ？

S えーと，Jを幼年個体数，Aを成熟個体数とすると，

$$\begin{pmatrix} J_{i+1} \\ A_{i+1} \end{pmatrix} = \begin{pmatrix} 0 & b_i \\ c & d \end{pmatrix} \begin{pmatrix} J_i \\ A_i \end{pmatrix}$$

という行列モデルで，係数行列が良い環境と悪い環境でそれぞれ

$$\mathbf{P} = \begin{pmatrix} 0 & 2 \\ 0.2 & 0.8 \end{pmatrix}, \quad \mathbf{Q} = \begin{pmatrix} 0 & 0 \\ 0.2 & 0.8 \end{pmatrix}$$

と設定しています．確かにランダム・ウォークと同じですね．

A 行列モデルでは平均増加率は最大固有値と一致します．$\mathbf{P}$ と $\mathbf{Q}$ の最大固有値はいくつでしたっけ？

S $\mathbf{P}$ の最大固有値は 1.1483，$\mathbf{Q}$ の最大固有値は 0.8 です．これらの幾何平均は 0.96 なので，2つの環境がそれぞれかなり長く続いてから交代すると，個体数は減少します．ところが平均行列

$$\mathbf{R} = \frac{\mathbf{P} + \mathbf{Q}}{2} = \begin{pmatrix} 0 & 1 \\ 0.2 & 0.8 \end{pmatrix}$$

の最大固有値は 1 なので，平均増加率は 1 となって個体数は増えも減りもしないという話になります．

A この場合も同じで，たとえば

$$\mathbf{R}^5 = \frac{(\mathbf{P}+\mathbf{Q})^5}{2^5}$$

の最大固有値の分布を調べればよいわけです．このとき $\mathbf{PQ}$ と $\mathbf{QP}$ の固有値は一致することに注意してください．

S 結果は表 3-5 と図 3-3 です．データが少ないので，ヒストグラムの描き方によって印象が異なりますね．確かに対数値をとると正規分布に従っていそうです．

A なお表計算ソフトではヒストグラムを棒グラフとして描くので注意してください．棒グラフは高さが，ヒストグラムは面積が確率を意味します．

S 了解しました．

A この場合も「平均行列の最大固有値」が最重要です．しかし Caswell (2001) ではメディアンの方を重視しています．生態学では平均よりもメディアンを重視するみたいですね．非常に長い時間スケールで見れば，すべての種は絶滅しますから，絶滅確率の計算はデリケートな問題です．

S 確かに難しそうです．

A 1000 年に一度という低い発生確率でも，長い年月をとれば必ず起こります．それが「大数の法則」の意味するところです．

S それは大震災で経験しました．

A 小さな確率でも正確に計算する．それがリスク管理で一番重要なことだと思います．なお算術平均と幾何平均の生態学における一般的な解釈は巌佐 (1998) を参照してください．

表3-5 行列モデルの最大固有値とその対数値

行列の順列	個数	最大固有値	対数値
PPPPP	1	1.9968	0.6915
PPPPQ	5	1.5309	0.4259
PPQPQ	5	1.1981	0.1807
PPPQQ	5	1.0701	0.0678
PQPQQ	5	0.8653	−0.1447
PPQQQ	5	0.7373	−0.3048
PQQQQ	5	0.5325	−0.6302
QQQQQ	1	0.3277	−1.1157

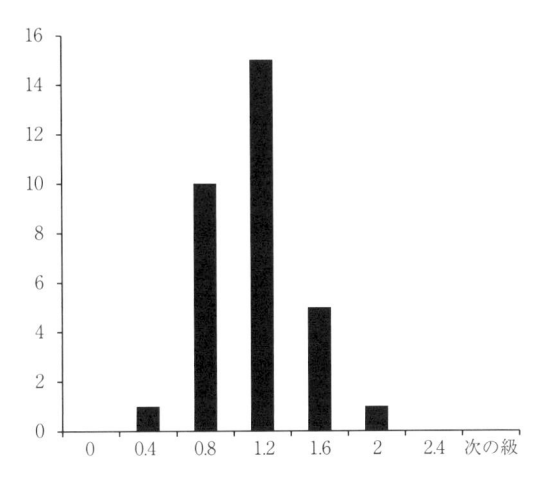

図 3-3a 行列モデルの最大固有値

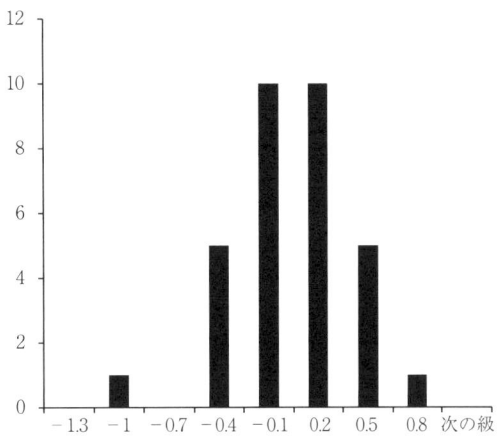

図 3-3b 行列モデルの最大固有値の対数値

文　献

赤嶺達郎（2010）：水産資源のデータ解析入門．恒星社厚生閣．

Akamine T. and Suda M.（2011）：The growth rates of population projection matrix models in random environments. *Aqua-Bio Science Monographs*, 4, 95-104.

Caswell H.（2001）：Matrix population models, 2nd ed. Sinauer Associates.

江沢　洋（2004）：物理は自由だ（2）静電磁場の物理．日本評論社．

巌佐　庸（1998）：数理生物学入門．共立出版．

小針あき宏（1973）：確率・統計入門．岩波書店．

京極一樹（2012）：ちょっとわかればこんなに役に立つ統計・確率のほんとうの使い道．じっぴコンパクト新書101，実業之日本社．

田中　一（1973）：夜空の星はなぜ見える．北海道大学図書刊行会．

トドハンター（1975）：確率論史（安藤洋美訳）．現代数学社．

吉村　仁（2012）：なぜ男は女より多く生まれるのか．ちくまプリマー新書177．

第4章　水産資源解析のエッセンス

　水産資源解析の基本である成長モデル，生残モデル，再生産モデルについて概略を説明します．また現在の資源評価の主役であるVPA（Virtual Population Analysis, コホート解析）について，簡単な実例を踏まえて検討します．数理モデルおよび統計モデルとして初歩的な部分が多いので，水産分野以外の方にも参考になると思います．

4・1　成長モデル

S君　水産資源解析のツボは何ですか？

A先生　一言で言うと，成長・生残・再生産を押さえることです．

S　それはよく耳にしますが，具体的にどのようなものですか？

A　体サイズ w の成長はリチャーズ式

$$w(t) = \frac{w_\infty}{(1+re^{-k(t-c)})^{1/r}} \quad (4.1)$$

が基本です．

S　この式は $r=1$ のときロジスティック式，$r \to 0$ のときゴンペルツ式，$r=-1$ のときベルタランフィー式，$r=-1/3$ のときその3乗式でしたね．

A　その通りです．数式として記憶するよりも，グラフとしてイメージすることが重要です．後で表計算ソフトを用いて作図しておいてください．それで $r \to 0$ のときはOKですか？

S　ええ，$r \to 0$ のときは指数関数の定義式

$$\lim_{r \to 0}(1+rx)^{1/r} = e^x$$

によってゴンペルツ式に収束します．

A　また $r<0$ のときにも成長式になることに注意してください．多くの水産生物に適用されているベルタランフィー式

$$w(t) = w_\infty(1-e^{-k(t-c)})$$

がその典型です．なお生態学の教科書ではこのことに気づいていない本もあるので，注意が必要

です（瀬野，2007など）．

S 了解しました．

A それから成長率が周期的に変化しているようなデータについては，三角関数を用いて拡張した成長式

$$w(t) = \frac{w_\infty}{(1+re^{-k(F(t)-F(c))})^{1/r}} \tag{4.2}$$

が適用できます．ここで時間の単位は「年」で，

$$F(t) = t + \frac{A}{2\pi}\sin 2\pi(t-t_1)$$

です（$A > 0$）．

S どうして 2π で割るのですか？

A これは周期関数

$$f(t) = 1 + A\cos 2\pi(t-t_1)$$

を積分したものです．第5章で実際に解きますが，成長式（4.2）は微分方程式

$$\frac{dw}{dt} = f(t)g(w)$$

を解いたものですから，$A > 1$ のときマイナス成長が現れます．ここで $g(w)$ は体サイズだけの関数です．

S その部分で $f(t) < 0$ となるからですね．しかし成長式に三角関数が出てくるのは人工的な感じがして，ちょっと違和感があります．

A 水産では1970年代から三角関数を組み込んだ成長モデルが開発されてきました．地球上の生命はすべて太陽エネルギーの影響を受けていますから，その軌道の推移を考えれば三角関数が出てくるのはむしろ自然でしょう．

S なるほど．リチャーズ式以外の成長式はありますか？

A いろいろ提唱されていますが，リチャーズ式を含む一般式

$$\frac{dw}{dt} = \alpha w^p - \beta w^q$$

が重要です．

S 左辺は成長速度を意味し，右辺はベキ関数の差ですね．

A もっとも単純な

$$\frac{dw}{dt} = w^p - w^q$$

を考えると，$0 < w < 1$ において $p < q$ のとき $w^p > w^q$ となるから，「$p < q$」が成長式としての必要条件です．ただしこの微分方程式は「陽関数」として解けません．

S それは残念.
A リチャーズ式の微分方程式

$$\frac{dw}{dt} = kw\frac{1-(w/w_\infty)^r}{r}$$

は陽関数として解ける代表例ですが，この条件を満たしています
S $r>0$ のときは $p=1$, $q=1+r$ となっていて，$r<0$ のときは $p=1+r$, $q=1$ ですね.
A この一般式に関する知見は東海大学の大西修平さんと東京大学の山川卓さんとの共同研究の成果です.
S このような基礎的な部分をきちんと押さえることは大切ですね.

4・2 パラメータ推定と仮説検定

S これらの数理モデルを統計モデルとして扱うには，きちんとパラメータ推定する必要がありますね.
A 成長式については重みつき残差平方和

$$Y = \sum_{i=1}^{m}\left[\frac{w(t_i)-\mu_i}{s_i}\right]^2 = \sum_{i=1}^{m}\frac{[w(t_i)-\mu_i]^2}{s_i^2} \tag{4.3}$$

の最小値を求めればOKです．これを（非線型）最小二乗法と呼びます．ここでデータは m 組の (t_i, μ_i, s_i^2) です．
S これは表計算ソフトに組み込まれている非線型最適化ツールで簡単にできます．パラメータはベルタランフィー式の場合，$k, w_\infty, c=t_0$ の3つです．しかし重み s_i^2 の値はどのようにして求めるのですか？
A 体長組成データを混合正規分布と仮定して分解したような場合は，各年齢における個体数 n_i, 平均 μ_i, 分散 σ_i^2 が得られます．このとき平均の分散は σ_i^2/n_i となるから，重みは $s_i^2 = \sigma_i^2/n_i$ とすればOKです．
S 分散の値が推定できない場合も多いようですけど．
A パラメータ推定では最初に大雑把に押さえることが大切です．したがって最初は重みづけしない普通の最小二乗法で残差平方和

$$S = \sum_{i=1}^{m}[w(t_i)-\mu_i]^2 \tag{4.4}$$

の最小値を推定し，それから徐々に推定精度を上げるようにしてください．(4.4) 式の場合はすべて同一の分散を仮定しています．データ数が少なくて各測定時の分散の推定精度が悪い場合には，体長が小さいとき，中くらいのとき，大きいときの3段階くらいに分けて，それぞれの分散の推定値を使えばいいと思います．
S データの状況によって臨機応変に対処すべき，というわけですね.
A 成長式 (4.2) にしても第1ステップとして成長式 (4.1) を当てはめ，第2ステップとして成

長式（4.2）を当てはめるのがよいでしょう．

S　パラメータの区間推定や検定はどうすればいいのでしょうか？

A　最小二乗法で推定しているので，検定はすべてF検定でOKです．（4.3）式の場合はカイ二乗検定ですが，F検定に含むことができます．推定や検定の基本的な考え方はネイマン・ピアソン流の「仮説検定」です．

S　仮説を立て，実際に得られたデータが「どの程度の確率で得られるか」を計算して仮説の信憑性を判断する方法ですね．具体的にはどうするんでしたっけ？

A　成長式のパラメータを a, b, c とすると，「帰無仮説」を

$$H_0: \ a = a_0, \ b = b_0, \ c = c_0$$

と立てます．データ数が m のとき残差平方和 Y は自由度 m のカイ二乗分布に従います．最適化法を用いて3つのパラメータを動かして Y の最小値 $Y_{\min}$ を求めると，これは自由度 $m-3$ のカイ二乗分布に従います．

S　そこまではOKです．

A　F分布の定義は覚えていますか？

S　ええ，X と Y が独立で，それぞれ自由度 m と n のカイ二乗分布に従うとき，

$$F = \frac{X/m}{Y/n} = \frac{nX}{mY}$$

は自由度 (m, n) のF分布つまり $F(m, n)$ に従います．

A　その通りです．したがって

$$F = \frac{(Y - Y_{\min})/3}{Y_{\min}/(m-3)}$$

とおけば，$F(3, m-3)$ で検定することによって信頼区間が求まります．

S　雄と雌の成長式が一致するかどうかは，どのように検定するんでしたっけ？

A　雄と雌の成長式を同じと仮定して，帰無仮説を

$$H_0: \ a_M = a_F, \ b_M = b_F, \ c_M = c_F$$

と立てます．Mは雄，Fは雌のパラメータです．雄と雌のデータに単一の成長式を当てはめた場合よりも，雌雄別々の成長式を当てはめた場合の方が残差平方和は小さくなります．したがって

$$F = \frac{(Y_{M+F} - Y_M - Y_F)/3}{(Y_M + Y_F)/(m_M + m_F - 6)}$$

とおけば，$F(3, m_M + m_F - 6)$ で検定できます．Y はそれぞれの最小値，m はそれぞれのデータ数です．具体的な計算方法は赤嶺（2007, 2010）を参照してください．

S　要するに「分子の分散が分母の分散よりも大きすぎる」場合は帰無仮説が棄却され，雄と雌の成長式が一致するとはいえない，というわけですね．

A　その通りです．仮説検定は「確率を用いた背理法」ですから，理解してしまえば簡単です．
S　背理法は最初に立てた命題（仮説）から矛盾を導きだして，その命題を否定する論法ですね．F検定では分散比が基準値よりも大きい場合は，「ほとんど起きない」と判断して仮説を棄却するわけですね．
A　片側検定の場合や，正規分布のように左右対称な確率分布を用いた両側検定では問題ありませんが，左右不対称な確率分布における両側検定では問題が生じます．
S　その際に用いるのがHDR（Highest Density Region, 最高密度領域）ですね．
A　その通りです．領域内の点における確率密度が領域外の点における確率密度よりも高い領域で，「区間の幅が最短となる」ので実用的にも優れています．
S　納得しました．
A　F検定では片側検定の場合がほとんどです．帰無仮説を立ててしっかり考えることが大切です．

4・3　再生産モデル

S　再生産ではシュヌート式

$$R = \frac{\alpha S}{(1 + r\beta S)^{1/r}}$$

が基本でしたね．Sは産卵親魚量，Rは加入量です．これは$r=1$のときベバートン・ホルト型，$r \to 0$のときリッカー型になります．
A　前者は飽和型，後者は単峰形の曲線です．$r \to 0$のときになぜリッカー型になるかは，リチャーズ式のときと同様なのでOKですね．また$r=-1$のときは上に凸の放物線になります．後で作図しておいてください．実際のデータで再生産関係がきれいに認められることはほとんどありません．要するに理論式です．それで最近はホッケー・スティック型の再生産関係を仮定したり，親子関係データのリサンプリングで将来予測したりしています．
S　成長式と違って，どうして再生産式では当てはまりが良くないのでしょうか？
A　水産生物の場合，加入量については産卵親魚や卵の「密度効果」よりも「環境要因」の方が影響が大きいためだと思います．
S　再生産式を当てはめる場合，データには縦軸（R）だけでなく横軸（S）にも誤差が含まれていますけど，どのようにすればいいのでしょうか？
A　再生産モデルのように横軸についても誤差を考慮する場合は，一般に「陰関数モデル」として処理する方法があります（赤嶺, 2007, 2010）．しかし実際には産卵親魚量Sから加入量Rを推定する場合がほとんどなので，通常の非線型回帰モデルと同じように扱ってOKだと思います．

4・4　生残モデル

S　水産資源における生残モデルは死亡係数を用いた指数関数モデルが中心ですが，実際の資源評価で行われているVPA（Virtual Population Analysis, コホート解析）の話がかなり難しくて…………．

A　確かにVPAは水産資源にだけ用いられている計算方法ですから，慣れないと難しいですね．理解している範囲で説明してみてください．

S　水産資源の変動モデルはコホート（Cohort，年級群）を基本とします．最初に資源尾数を N として，指数関数モデル

$$N(t) = N_0 \mathrm{e}^{-(F+M)t}$$

を仮定します．ここで F は漁獲係数，M は自然死亡係数，t は時間または年齢です．

A　これは「漁獲尾数が指数関数的に減少する」という多くの経験則に基づく数理モデルです．自然死亡には投棄など「漁獲以外のすべての死亡」が含まれていますから注意してください．

S　このとき漁獲尾数は

$$C(t) = \frac{F}{F+M} N_0 (1 - \mathrm{e}^{-(F+M)t})$$

となります．これを漁獲方程式と呼んでいます．

A　よくできました．これらは理論的には微分方程式

$$\frac{\mathrm{d}N}{\mathrm{d}t} = -(F+M)N \tag{4.5}$$

$$\frac{\mathrm{d}C}{\mathrm{d}t} = FN \tag{4.6}$$

の解ですが，非常に大雑把な近似モデルです．

S　このモデルを1年ごとに区切ると，以下では F_i を F と略記して，

$$N_{i+1} = N_i \mathrm{e}^{-(F+M)}$$

$$C_i = \frac{F}{F+M} N_i (1 - \mathrm{e}^{-(F+M)})$$

となります．この連立非線型方程式を F と N について，高齢から若齢に向かって解くのがVPAです．通常は上式を下式に代入して，

$$C_i = \frac{F}{F+M} (\mathrm{e}^{F+M} - 1) N_{i+1}$$

を F について解きます．非線型モデルなので簡単に解けないため「石岡・岸田の反復法」や「Popeの近似式」などが開発されています（赤嶺，2001）．未知数の個数が方程式の個数よりも多いため，仮定によって解が異なります．データは年齢別漁獲尾数 C のみです．M の推定は困難なので「$M=$一定」と仮定して，「$M=2.5$ ／寿命」とすることが多いようです．最高齢の F（ターミナル F）の値を仮定する方法が一般的です．

A その通りです．よく理解できていますね．
S でも，どうして $M=2.5$ ／寿命と仮定するのですか？
A あまり強い根拠ではありませんが，出典は田中（1960）です．$e^{-3} \approx 0.05$ なので，$M=3$ ／寿命とする方が妥当かもしれません．寿命についても生物学的な寿命ではなくて，漁獲データ上の寿命とすべきでしょう．
S 原理的には理解できたのですが，実際の資源評価で行われている手法は，プラスグループがあったり，反復法や最小二乗法でターミナル F を求めていたりして，さっぱり理解できません．
A なるほど．確かに難しい面がありますね．プラスグループやターミナル F の決定方法を検討する前に，もう少しエッセンシャルな部分を検討してみましょう．実際に「資源尾数が指数関数的に減少する」という保証はどこにもありません．実際の F や M は定数ではなくて，$F(t)$ や $M(t)$ のように変数とすべきで，しかも「瞬間的」な漁獲や死亡も含まれています．また年齢や年度および場所によってすべて異なるはずです．要するに VPA は非常に大雑把なモデルです．手計算の時代にはそれなりに有効なモデルでしたが，パソコンや表計算ソフトが自由に使える現在において，連続モデルに固執する必要はないでしょう．比較のため「離散モデル」を検討してみてください．
S 先の微分方程式に対応する差分方程式は

$$\Delta N = -(E+D)N \tag{4.7}$$
$$\Delta C = EN \tag{4.8}$$

となります．ここで E は漁獲率，D は自然死亡率です．差分を

$$\Delta N = N(t+1) - N(t) = N_{i+1} - N_i$$
$$\Delta C = C(t+1) - C(t) = C_i$$

とすると，離散モデル

$$N_{i+1} = N_i(1 - E_i - D)$$
$$C_i = E_i N_i$$

を得ます．ここで $C(t)$ は累積漁獲尾数，C_i は i 歳魚の漁獲尾数です．これより

$$N_{i+1} = N_i(1-D) - C_i$$

となるから，VPA は

$$N_i = \frac{N_{i+1} + C_i}{1-D}$$

と表せます．
A よくできました．上式は

$$v = \frac{1}{1-D} > 1$$

とおいて，

$$N_0 = vC_0 + v^2C_1 + \cdots + v^k C_{k-1} + v^k N_k$$

と書く方が理解しやすいかもしれません．自然死亡率 D と最高齢の N（ターミナル N）の値を仮定すれば，年齢別漁獲尾数データ C から年齢別資源尾数 N が求まります．この方法を「単純 VPA」と呼びましょう．「$D=$ 一定」と仮定しているため，「$M=$ 一定」と仮定する通常の VPA と数値が若干異なりますが，本質的な違いはありません．ターミナル N を大きくすると，すべての N が大きくなることに注意してください．

S　上式は

$$u = 1 - D = \frac{1}{v} < 1$$

とおくと，

$$N_k = u^k N_0 - u^{k-1} C_0 - u^{k-2} C_1 - \cdots - C_{k-1}$$

とも書けますね．

4・5　VPA

A　VPA を一言で言うと，漁獲尾数データ C を資源尾数 N に引きのばす手法です．方程式の数よりもパラメータ数の方が多いため，解が無数に存在します．ですから普通の数理モデルと違って通常の統計手法が適用できません．現状では以下のようにするのがよいでしょう．

(1)　R の標準的ソフト RVPA (http://cse.fra.affrc.go.jp/ichimomo/fish/rvpa.html，市野川・岡村，2014) で計算する．
(2)　単純 VPA を用いて比較検討する．

基本的な文献は平松 (2001)，檜山 (2000)，赤嶺 (1995, 2001, 2007) などです．

S　単純 VPA と比較するには係数と率を変換する必要がありますね．
A　数式を比較すれば

$$E = \frac{F}{F+M}(1-e^{-(F+M)}), \quad D = \frac{M}{F+M}(1-e^{-(F+M)})$$

となります．逆変換の式は？
S　えーと，

$$F = -\frac{E}{E+D}\ln(1-E-D), \quad M = -\frac{D}{E+D}\ln(1-E-D)$$

となります.

A ここで重要なのは $M=$ 一定のとき, F を大きくすると E は大きくなりますが, D は若干ですが小さくなることです.

S それはどうしてですか？

A 自然死亡よりも漁獲死亡の比率が大きくなるからです.

S なるほど.

A 後で作図して確認しておいてください.

S ところで, どうして VPA が用いられるようになったのですか？

A 漁獲データを解析する場合, 従来は漁獲重量, 漁獲努力量, 前者を後者で割った CPUE（Catch Per Unit Effort, 単位努力量あたり漁獲重量）を用いて解析していました. しかし漁獲努力量データが信用できなかったり, CPUE が資源密度を反映していなかったり, 統一的に扱えなかったりする事例（多漁業種で単一魚種を漁獲する場合など）が増加したため, 漁獲努力量データを使わない VPA が用いられるようになってきた次第です.

S 最近では漁獲努力量や CPUE を VPA に組み込む手法も開発されていますね.

A それは「本末転倒」という指摘もあります. そもそも年齢別漁獲尾数の推定方法や, 漁獲努力量の標準化方法など多くの問題点があるので,「あまり細かなことにこだわっても意味がない」という面もあります.

S 調査データと違って, 漁獲データから資源量を推定するのは難しいですね. CPUE が信用できるのであれば, VPA など用いず直接に資源量を推定すればよいのですから.

A 最近の VPA では次のような仮定をします. t 年度における i 歳の F を $F_i(t)$ と書くと,

(a) 高齢魚における F は等しい. たとえば最高齢 k とその前の齢 $k-1$ において,

$$F_{k-1}(t) = F_k(t) \tag{4.9}$$

(b) 最近における各年齢の F は等しい. たとえば直近年 T とその前年 $T-1$ において,

$$F_i(T-1) = F_i(T)$$

のように仮定します.

S このように仮定するとターミナル F が自動的に決定できますね.

A しかし, これを押し進めると「すべての F は等しい」ということになってしまいます. 実際に大雑把な目安として「漁獲尾数の3倍を資源尾数とする」という方法もありえます.

S 高齢魚のデータが少ない場合はプラスグループ, つまり k 歳以上をまとめて「$k+$ 歳」として扱いますね.

A これも極端な場合, 0歳と1+歳という2つに分けることも可能です. 実際, 第3章の行列モデルのように Juvenile と Adult の2つに分けるモデルもあります. VPA は必ずしも0歳から寿

命まで行う必要はなく，データのある範囲のみで適用すればOKです．VPAの原理は漁獲データの引きのばしにすぎませんから．

4・6　現行方式の検討

A　VPAの現行方式では，
(1) 最初に直近年Tの最高齢のターミナルF，つまり$F_k(T)$の値を仮定する．漁獲方程式を解いて$F_{k-1}(T-1)$の値を求める．
(2) (4.9)式を仮定して$F_k(T-1)$の値を求める．これを繰り返してすべての$F_k(T)$を「芋づる式」に推定する．
(3) 直近年Tの年齢別Fを3年平均

$$\frac{F_i(T-3)+F_i(T-2)+F_i(T-1)}{3} \to F_i(T) \tag{4.10}$$

として推定する．最初に$i=k-1$のときの値を求め，これらから漁獲方程式を解いて$F_{k-2}(T-1)$等を推定する．次に$i=k-2$のときの値を求め，これを繰り返す．
(4) 最後に$F_{k-1}(T) \to F_k(T)$と代入して，以上の操作を反復する．$F_{k-1}(T)=F_k(T)$となったら終了する．
としています．ここでこの「$F_k(T)$の決定方法」について検討してみましょう．

$$E = \frac{F}{F+M}(1-e^{-(F+M)})$$

と変換して漁獲率Eで考えます．FとEは1対1対応ですから．

S　漁獲率Eは漁獲係数Fの単調増加関数ですね．

A　漁獲方程式は

$$N_{i+1} = N_i(1-D_i) - C_i$$

なので，これに

$$N_i = C_i/E_i$$

を代入して変形すると，

$$E_i = \frac{1-D_i}{1+\dfrac{C_{i+1}}{C_i E_{i+1}}} = g(E_{i+1})$$

となるから，gは単調増加関数です．

S　これはベバートン・ホルト型の再生産曲線と同じタイプの関数ですね．

A　以上より，直近年のターミナルFが大きくなると，それ以前のターミナルFすべてが大きく

なります．また (4.10) 式は $i=k-1$ のとき，

$$f(F_k(T)) \to F_{k-1}(T)$$

と表せるので，この f も単調増加関数になります．したがって f の傾きが 1 より小さければ，反復法によって「唯一の解」$F_{k-1}(T)=F_k(T)$ に収束します．

S　ははあ？

A　たとえば $b=C_{i+1}/C_i > 0$ とおいて，

$$g(x) = \frac{1-D}{1+b/x} = \frac{x(1-D)}{x+b} = 1-D - \frac{b(1-D)}{x+b}$$

とすると，

$$\frac{dg}{dx} = \frac{b(1-D)}{(x+b)^2} < 1$$

のとき収束すると期待されます．関数 f は g の平均ですから．

S　なるほど．$0 < x = E \leq 1-D = u < 1$ において $x \to u$ のとき，

$$(x+b)^2 \to (u+b)^2 = u^2 + 2bu + b^2 > bu$$

となるから，$dg/dx < 1$ となりますね．

A　なお，通常は最高齢でプラスグループ「$k+$歳」を考えますが，

$$N_{k+}(t) = N_{k+}(t-1)(1-D) - C_{k+}(t-1) + N_{k-1}(t-1)(1-D) - C_{k-1}(t-1)$$

において

$$F_{k-1}(t-1) = F_{k+}(t-1)$$

を仮定すれば，同様の話になります．

S　そうですね．

A　現行方式の欠点として，

(1) 昔の年級群のターミナル F も変化する．既に漁獲し終えた年級群の資源推定値が新しいデータが加わるごとに毎年変化するのは違和感がある．実際，管理方式における資源水準の基準値が微妙に変化したりするので，不信感を招きやすい．

(2) 直近年の $F_i(T)$ が現場感覚と一致しないことがある．

(3) 平衡点に収束させているので，プラスグループのデータに異常値が含まれていたりすると，不自然な解に収束することがある．

などがあります．

S　不自然な解とは？

A　漁獲量が減ってきているのに資源量が増加していると推定された事例があって，データをチェックしたらプラスグループの値が異常に大きかったのですが，年齢査定の方法に問題があり

ました.
S そうですか.実際のデータが仮定と異なっていると正しく推定できませんね.
A VPAの本質は,

$$C_i = E_i N_i$$

です.データはCだけなので,Fを大きく仮定すればNは小さく推定され,逆にFを小さく仮定すればNは大きく推定されます.将来的には,
(1) 漁獲が終了した年級群はターミナルFを固定して,以後は変更しない.
(2) 直近年のFについては,調査船データ,市場調査データ,現場感覚を用いて修正する,などの対応が考えられます.

4・7 補足と実例
S ところで「S-VPA」と呼ばれる手法はどのようなものですか？
A このSはSeparableの略で,漁獲係数Fが

$$F_i(t) = F(t)\, s(i)$$

のように年度と年齢の積に分解できると仮定して解く方法です.ここで$s(i)$は年齢別の漁獲選択率です.パラメータ数が少なくなるので最小二乗法を適用することができますが,仮定が強すぎて通常のデータではうまく収束しません(Akamine,1987).数年前に須田真木さんにマアジ太平洋系群のデータについてMCMC法を用いて推定してもらいましたが,卓越年級を中心に漁獲するような漁業には適用できないと判断して口頭発表までで留めました.将来予測のシミュレーションではこの仮定を用いている場合があります.
S どうも実例に当たらないと実感できないのですけど.
A それでは表4-1の年齢別漁獲尾数Cのデータを用いて現行方式と単純VPAを比較してみてください.
S $M=1.25$と仮定して現行方式でFとNを求めた解を表4-2と表4-3に示します.漁獲方程式はPopeの近似式を用いて,

$$N_i = N_{i+1}\mathrm{e}^M + C_i \mathrm{e}^{M/2}$$

として解いています.またターミナルNおよびターミナル以外のFは,

$$C_i = N_i \mathrm{e}^{-M/2}(1-\mathrm{e}^{-F})$$

を用いて推定しています.
A 単純VPAはどうなりますか.
S 単純VPAにおいて$D=0.5$と仮定し,2歳と2012年度のターミナルNをCの3倍と仮定すると,結果は表4-4となります.うーん,数字だけだと一致しているのかどうか,よく分かりません.
A 0歳魚のNを図で比較してみてください.

表4-1 計算用のデータ（年齢別漁獲尾数 C）

年齢	2006	2007	2008	2009	2010	2011	2012
0	42391	59529	14013	66668	30683	107317	144475
1	8240	6311	12282	10264	2908	6314	5735
2	1	16	3	145	3	48	9

表4-2 現行方式で推定した年齢別漁獲係数 F

年齢	2006	2007	2008	2009	2010	2011	2012
0	1.07	0.85	0.33	1.98	0.87	1.84	1.56
1	4.97	6.53	3.23	6.83	2.91	5.30	5.01
2	4.97	6.53	3.23	6.83	2.91	5.30	5.01

表4-3 現行方式で推定した年齢別資源尾数 N

年齢	2006	2007	2008	2009	2010	2011	2012
0	120409	194614	93181	144602	98705	238143	341432
1	15502	11808	23894	19196	5744	11856	10786
2	2	31	5	272	6	89	17

表4-4 単純VPAで推定した年齢別資源尾数 N

年齢	2006	2007	2008	2009	2010	2011	2012
0	110062	169926	69118	145544	86730	249044	433425
1	16576	12640	25434	20546	6104	12682	17205
2	3	48	9	435	9	144	27

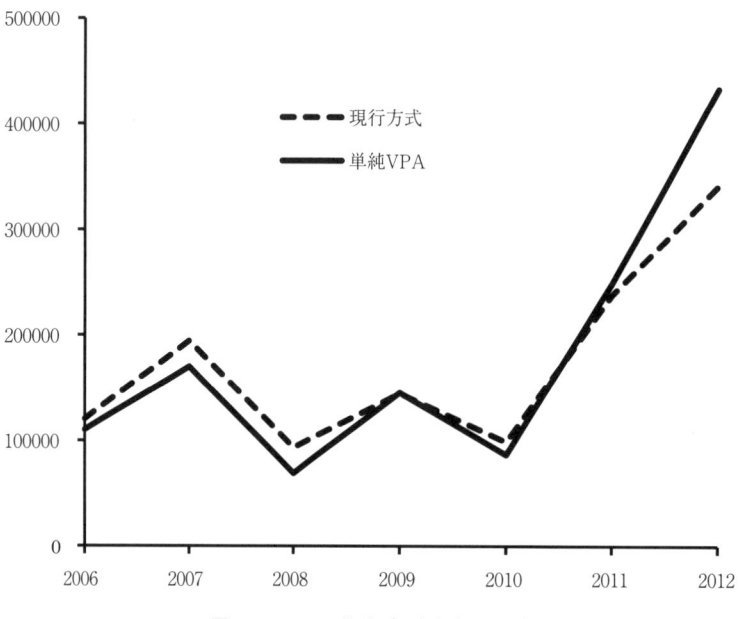

図4-1 VPAの比較（0歳魚資源尾数）

S なるほど，図示してみるとよく一致していますね（図4-1）．ただし D を大きくすれば N は全体的に大きくなり，D を小さくすれば N は全体的に小さくなります．表計算ソフトを使えば簡単ですね．

A 結果の図から判断すると，単純 VPA における 2012 年度のターミナル N の推定方法については検討の余地がありますね．

文　献

Akamine T.（1987）：A solution of the multi-cohort model by Marquardt's method. 日本海区水産研究所研究報告，**37**，225-257.

赤嶺達郎（1995）：コホート解析（VPA）入門．水産海洋研究，**59**(4)，424-437.

赤嶺達郎（2001）：VPA における近似式と反復法の数学的検討．中央水産研究所研究報告，**16**，1-16.

赤嶺達郎（2007）：水産資源解析の基礎．恒星社厚生閣．

赤嶺達郎（2010）：水産資源のデータ解析入門．恒星社厚生閣．

平松一彦（2001）：VPA（Virtual Population Analysis）．資源解析手法教科書（平成12年度資源評価体制確立推進事業報告書），日本水産資源保護協会，104-128.

檜山義明（2000）：対馬暖流域のマイワシ　チューニング VPA．事例集（平成11年度資源評価体制確立推進事業報告書），日本水産資源保護協会，1-10.

市野川桃子・岡村　寛（2014）：VPA を用いた我が国水産資源評価の統計言語 R による統一的検討．水産海洋研究，**78**(2)，104-113.

瀬野裕美（2007）：数理生物学．共立出版．

田中昌一（1960）：水産生物の population dynamics と漁業資源管理．東海区水産研究所研究報告，**28**，1-200.

第5章 計算数学の初歩

　統計や確率の計算に必要な微積分および線型代数の初歩について直観的な解説をします．厳密な証明は教科書に載っているので，具体的なイメージを把握して自由に使いこなせるようにしてください．数式は習うよりも慣れることが重要です．

5・1 微積分の初歩

S君 水産資源学に必要な数学をてっとりばやくマスターしたいのですが．

A先生 とりあえずポイントだけ解説しましょう．最初に関数を

$$y = F(x)$$

と表すと，微分は

$$\frac{dy}{dx} = f(x) = \lim_{h \to 0} \frac{F(x+h) - F(x)}{h}$$

と定義できます．

S $f(x)$ は導関数ですね．

A これを

$$dy = f(x)dx \tag{5.1}$$

と変形します．この式は正比例「$y = ax$」と同じ意味で，dy と dx を微分（微小な増加量），$f(x)$ を微分係数と呼びます．

S 関数とみなす場合には導関数，比例定数とみなす場合には微分係数ですね．

A この両辺を積分すると，

$$\int dy = y = \int f(x)dx$$

となります．左辺では積分記号 s と微分記号 d が打ち消しあっていることに注意してください．

S つまり「微分と積分は逆演算」というわけですね．なんだか当たり前すぎて，有難みがないです．

A 有難みはそのうち実感できます．(5.1) 式より $dx = x - x_0$, $dy = y - y_0 = y - F(x_0)$ とおくと，$x = x_0$ における接線の公式

$$y - F(x_0) = f(x_0)(x - x_0)$$

が求まります．微分はもともと接線を求める方法だったから，これは当然です．なお，この公式で $y = 0$ とおくと，ニュートン法の公式

$$x - x_0 = -\frac{F(x_0)}{f(x_0)}$$

が求まります．ここで x_0 は初期値，x は新しい推定値です．これを反復すると方程式 $F(x) = 0$ の解に非常に速く収束します．これは数値計算の基本です．

S なるほど．ニュートン法は微分そのものですね．

A 多変数の場合は2変数の場合を押さえればOKなので，関数を

$$z = F(x, y)$$

と定義します．

S 「2を聞いて n を知る」という話でしょうか．

A 1変数のときと同様に微分係数を定義すると，

$$\frac{\partial z}{\partial x} = f(x, y) = \lim_{h \to 0} \frac{F(x + h, y) - F(x, y)}{h}$$

$$\frac{\partial z}{\partial y} = g(x, y) = \lim_{k \to 0} \frac{F(x, y + k) - F(x, y)}{k}$$

となります．

S 記号 ∂ は何と読むのですか？

A 「デル」とか，「ラウンド・ディー」とか読みます．ヤコービあたりが使いだしたそうです．1変数の場合と同様に，

$$dz = f(x, y)dx + g(x, y)dy$$

となりますが，これは「$z = ax + by$」と同じ意味です．上式を

$$dz = \frac{\partial z}{\partial x}dx + \frac{\partial z}{\partial y}dy$$

と略記します．

S 2変数では微分と微分係数の区別が明確となりますね．

A 微分は1次近似（線型近似）なので，多変数の場合には「線型代数」が活躍することになります．なお接平面の方程式は

$$z - F(x_0, y_0) = f(x_0, y_0)(x - x_0) + g(x_0, y_0)(y - y_0)$$

となります．

S 線型代数は難しくて嫌いです．

A 線型代数は現代数学そのものですから，嫌いな人が多いですね．後で要点だけ解説しましょう．1変数の微分で最重要なものはテイラー展開（級数）なので，これについて解説します．微分の公式で基本的なのは，ベキ関数 $y = x^n$ の微分です．微分してみてください．

S えーと．定義より

$$\frac{dy}{dx} = \lim_{h \to 0} \frac{(x+h)^n - x^n}{h}$$

ですね．ここで二項定理より，

$$(x+h)^n = x^n + nx^{n-1}h + \frac{n(n-1)}{2}x^{n-2}h^2 + \cdots$$

となるから，

$$\frac{(x+h)^n - x^n}{h} = nx^{n-1} + h\left[\frac{n(n-1)}{2}x^{n-2} + \cdots\right]$$

となります．したがって

$$\frac{dy}{dx} = nx^{n-1} \tag{5.2}$$

です．

A 二項定理は強力な定理ですので，じつは二項定理がなくても導けます（森，1978）．多項式の割り算から，

$$\lim_{x \to a} \frac{x^n - a^n}{x - a} = \lim_{x \to a}(x^{n-1} + x^{n-2}a + \cdots + xa^{n-2} + a^{n-1}) = na^{n-1}$$

を得ます．

S ははあ，恒等式

$$x^n - a^n = (x - a)(x^{n-1} + x^{n-2}a + \cdots + xa^{n-2} + a^{n-1})$$

を使ったんですね．

A この方法以外にも積の微分や対数微分を用いる方法があります．さて，(5.2) 式を

$$dy = d(x^n) = nx^{n-1}dx$$

と変形して両辺を積分すると，

$$x^n = n\int x^{n-1}\mathrm{d}x$$

となるから，$n \to n+1$ とすれば，

$$\int x^n \mathrm{d}x = \frac{x^{n+1}}{n+1} + C$$

という公式を得ます（C は積分定数）．例外は $n = -1$ のときです．

S そのときの積分は自然対数ですね．

A それについては後で解説します．以上のようにベキ関数は微分や積分が簡単にできるので，非常に便利です．したがって一般の関数も

$$f(x) = a_0 + a_1 x + a_2 x^2 + a_3 x^3 + \cdots$$

と展開できれば便利です．

S 項別に微分や積分が簡単にできますね．

A $x = 0$ とおくと，

$$f(0) = a_0$$

となりますが，これが0次近似 $f(x) \approx f(0)$ です．

S これは定数ですから，あまり有用ではありませんね．

A 次に展開式を微分すると，

$$f'(x) = a_1 + 2a_2 x + 3a_3 x^2 + \cdots$$

となるので，再び $x = 0$ とおくと，

$$f'(0) = a_1$$

となります．これで1次近似

$$f(x) \approx f(0) + f'(0)x$$

を得ます．

S これは接線ですね．以下同様にして繰り返すと，

$$f''(0) = 2a_2, \quad f'''(0) = 3!a_3, \cdots$$

を得ますから，最終的にテイラー展開

$$f(x) = f(0) + f'(0)x + \frac{f''(0)}{2}x^2 + \frac{f'''(0)}{3!}x^3 + \cdots$$

を得るわけですね．合点しました．

A　これをマクローリン展開と呼びますが，もともとニュートンが発見したものだそうです．なお大陸ではヨハン・ベルヌイが，部分積分を繰り返して独自に発見して「われわれの方法」と呼んでいたそうです．上式は $x=0$ において展開した公式ですが，$x=a$ に移せば，

$$f(x) = f(a) + f'(a)(x-a) + \frac{f''(a)}{2}(x-a)^2 + \frac{f'''(a)}{3!}(x-a)^3 + \cdots$$

となります．通常はこれをテイラー展開と呼んでいます．なお二項定理については次章で詳しく解説します．

5・2　指数関数と対数関数

A　応用数学で活躍する指数関数と対数関数について解説しましょう（高木，2010）．まず指数関数として関数方程式

$$f(\alpha + \beta) = f(\alpha)f(\beta)$$

を考えます．

S　一般の指数関数は

$$a^{\alpha+\beta} = a^\alpha a^\beta$$

となるから，この関数方程式を満たしていますね．最初に $f(0)=1$ が分かります．

A　微分の定義式より

$$\frac{df}{dx} = \lim_{h \to 0} \frac{f(x+h) - f(x)}{h} = f(x) \lim_{h \to 0} \frac{f(h) - f(0)}{h} = f(x)f'(0)$$

となります．ここで $f'(0)=1$ とおくと，

$$\frac{df}{dx} = f$$

という微分方程式を得ます．

S　これは指数関数 $y = f(x) = e^x$ ですね．

A　これを解くには，

$$\frac{df}{f} = dx$$

と変形して，両辺を積分すればOKです．

S　なるほど．簡単な変数分離型ですね．

A　これより自然対数の定義式

$$x = \ln y = \int_1^y \frac{dt}{t}$$

が自然に求まります．実際，$x(1)=0$ および

$$\int_1^{\alpha\beta} \frac{dt}{t} = \int_1^{\alpha} \frac{dt}{t} + \int_{\alpha}^{\alpha\beta} \frac{dt}{t}$$

ですが，ここで $t=\alpha s$ とおくと，

$$\int_{\alpha}^{\alpha\beta} \frac{dt}{t} = \int_1^{\beta} \frac{\alpha \, ds}{\alpha s} = \int_1^{\beta} \frac{ds}{s}$$

となりますから，これは対数です．ちなみにド・モアブルの頃は自然対数を双曲線対数と呼んでいました（安藤，1975）．

S　つまり関数方程式

$$g(\alpha\beta) = g(\alpha) + g(\beta)$$

が満たされるわけですね．一般の対数でも

$$\log(\alpha\beta) = \log \alpha + \log \beta$$

となっています．

5・3　級数の初歩

A　指数関数と対数関数のテイラー展開は憶えていますか？

S　指数関数のテイラー展開は

$$e^x = 1 + x + \frac{x^2}{2} + \frac{x^3}{3!} + \frac{x^4}{4!} + \frac{x^5}{5!} + \cdots$$

です．これに i を虚数単位（$i^2=-1$）として，$x=iy$ を代入すると，

$$e^{iy} = 1 + iy - \frac{y^2}{2} - i\frac{y^3}{3!} + \frac{y^4}{4!} + i\frac{y^5}{5!} - \cdots$$

$$= 1 - \frac{y^2}{2} + \frac{y^4}{4!} - \cdots + i\left(y - \frac{y^3}{3!} + \frac{y^5}{5!} - \cdots\right)$$

となるので，オイラーの公式

$$e^{iy} = \cos y + i \sin y$$

を得ます．ここで

$$\cos y = 1 - \frac{y^2}{2} + \frac{y^4}{4!} - \cdots, \quad \sin y = y - \frac{y^3}{3!} + \frac{y^5}{5!} - \cdots$$

です．

A　この公式は「虚数乗の定義式」とみなせます．このように三角関数はオイラーの公式として憶えるべきです．これさえ憶えておけば，

$$e^{i(x+y)} = \cos(x+y) + i\sin(x+y)$$
$$e^{ix}e^{iy} = (\cos x + i\sin x)(\cos y + i\sin y)$$
$$= (\cos x \cos y - \sin x \sin y) + i(\sin x \cos y + \cos x \sin y)$$

となるので，三角関数の加法定理が簡単に求まります．

S　了解しました．それで対数関数のテイラー展開は，えーと………？

A　自然対数のテイラー展開は

$$\ln(1+x) = x - \frac{x^2}{2} + \frac{x^3}{3} - \frac{x^4}{4} + \cdots$$

です．この収束域は $-1 < x \leq 1$ ですが，$x = 1$ のときは

$$\ln 2 = 1 - \frac{1}{2} + \frac{1}{3} - \frac{1}{4} + \cdots = 0.693147\cdots$$

となります．

S　これは収束が遅くて有名な級数ですね．

A　ええ，そのためいろいろ工夫されています（高橋，1974）．この級数は単純な等式

$$1 = (1-x)(1 + x + x^2 + x^3 + \cdots)$$

から得られる「等比級数」の公式

$$\frac{1}{1-x} = 1 + x + x^2 + x^3 + \cdots$$

より，

$$\frac{1}{1+x} = 1 - x + x^2 - x^3 + \cdots$$

となるから，両辺を積分すれば得られます．

S　積分定数は 0 ですね．

A　ここで $x \to x^2$ とするとどうなりますか．

S　えーと，

$$\frac{1}{1-x^2} = 1 + x^2 + x^4 + x^6 + \cdots$$

および

$$\frac{1}{1+x^2} = 1 - x^2 + x^4 - x^6 + \cdots$$

となります．それぞれ積分すると，

$$\operatorname{ar\,tanh} x = x + \frac{x^3}{3} + \frac{x^5}{5} + \frac{x^7}{7} + \cdots$$

および

$$\arctan x = x - \frac{x^3}{3} + \frac{x^5}{5} - \frac{x^7}{7} + \cdots \tag{5.3}$$

を得ます．この場合も積分定数は 0 です．

A　ここでも $x=1$ とおくと，

$$\frac{\pi}{4} = 1 - \frac{1}{3} + \frac{1}{5} - \frac{1}{7} + \cdots = 0.785398\cdots$$

となります．これはライプニッツの級数，またはグレゴリーの級数として有名です．

S　グレゴリーって誰ですか？

A　ホイヘンスと同時代のイギリスの数学者で，近年再評価されているようです．ところで (5.3) 式の積分は OK ですか？

S　これは $x = \tan y = \sin y/\cos y$ として微分すると，

$$\frac{dx}{dy} = \frac{\cos^2 y + \sin^2 y}{\cos^2 y} = 1 + \tan^2 y = 1 + x^2$$

なので，

$$\frac{dx}{1+x^2} = dy$$

と変形して両辺を積分すると，

$$\int \frac{dx}{1+x^2} = \int dy = y = \arctan x$$

となります．また $x = \tanh y$ の方も $\tan(iy) = i \tanh y$ となるので，同様に求まります．

A　テイラー展開は理論的に重要ですが，いちいち微分するのは面倒なので，代表的な級数はこのように記憶しておいた方が便利です．ところで以上の級数から，

$$\text{ar}\tanh x = \frac{1}{2} \ln \frac{1+x}{1-x}, \quad \arctan x = \frac{1}{2i} \ln \frac{1+ix}{1-ix}$$

を得ます．

S　なるほど．最後の式を変形すると，

$$i\arctan x = \frac{1}{2} \ln \frac{(1+ix)^2}{1+x^2} = \ln\left(\frac{1}{\sqrt{1+x^2}} + i\frac{x}{\sqrt{1+x^2}}\right)$$

となるから，$x = \tan y$ を代入すれば複素数の対数

$$iy = \ln(\cos y + i\sin y)$$

およびオイラーの公式が得られるんでしたね（赤嶺，2010）．

5・4　オイラーの公式

S　ところで教科書には指数関数の定義式として

$$e^x = \lim_{n \to \infty} \left(1 + \frac{x}{n}\right)^n$$

が載っているのですけど．

A　それではこの定義式からオイラーの公式を導いてみましょう．まず

$$e^{iy} = \lim_{n \to \infty} \left(1 + \frac{iy}{n}\right)^n$$

と定義します．ここで

$$Q = 1 + i\frac{y}{n} = r(\cos\theta + i\sin\theta)$$

と置きます．複素数のかけ算では極形式の方が便利ですから．

S　そうすると，

$$r = \sqrt{1+\left(\frac{y}{n}\right)^2}, \quad \tan\theta = \frac{y}{n}$$

ですね．このときド・モアブルの定理より

$$Q^n = r^n(\cos n\theta + i\sin n\theta)$$

となるから，$n\to\infty$ のとき二項展開より

$$r^n = \left[1+\left(\frac{y}{n}\right)^2\right]^{n/2} = \left[1+\left(\frac{y}{2m}\right)^2\right]^m$$

$$= 1 + m\left(\frac{y}{2m}\right)^2 + \frac{m(m-1)}{2}\left(\frac{y}{2m}\right)^4 + \cdots \to 1$$

となります．また

$$\theta = \arctan\frac{y}{n} = \frac{y}{n} - \frac{1}{3}\left(\frac{y}{n}\right)^3 + \frac{1}{5}\left(\frac{y}{n}\right)^5 - \cdots$$

なので，

$$n\theta = y - \frac{n}{3}\left(\frac{y}{n}\right)^3 + \frac{n}{5}\left(\frac{y}{n}\right)^5 - \cdots \to y$$

となるから，オイラーの公式

$$e^{iy} = \cos y + i\sin y$$

が得られます（笠原, 1984；赤嶺, 2007）．

A さらにオイラーの公式は微分方程式から導くこともできます．指数関数はもっとも簡単な微分方程式

$$y' = y$$

の解ですが，三角関数はその次に簡単な微分方程式

$$y'' = -y$$

の解です．そこで $y = e^{ix}$ とおくと，形式的に

$$y' = ie^{ix}, \quad y'' = -e^{ix} = -y$$

となりますから，この関数もこの微分方程式の解です．一方，$y = \sin x$ と $y = \cos x$ はともにこの

微分方程式の解ですから，一般解は

$$y = A\cos x + B\sin x$$

とおけます．これを微分すると

$$y' = -A\sin x + B\cos x$$

となるので，$y(0)=A=1$, $y'(0)=B=i$ となってオイラーの公式を得ます．

S　しかし水産資源学や統計学でオイラーの公式を用いる場面はあるのでしょうか？
A　統計学では積率母関数

$$g(\theta X) = E(\mathrm{e}^{\theta X}) = \sum \mathrm{e}^{\theta x} P(x)$$

が重要です．ここで

$$\mathrm{e}^{\theta X} = 1 + \theta X + \frac{\theta^2}{2}X^2 + \frac{\theta^3}{3!}X^3 + \cdots$$

なので，θ で微分して $\theta=0$ とおくことによってすべての積率を求めることができます．つまり積率母関数は確率変数のすべての情報を持っているわけです．

S　なるほど．
A　しかし積率母関数は積分が発散する場合があるので，純虚数に変換した特性関数

$$\varphi(t) = g(it)$$

を用いる方が数学的に一番すっきりします（梶原，1988；森，2012）．ラプラスはもっぱら特性関数を用いていましたし，現代の確率論でも主役を演じています．

S　そこでオイラーの公式が活躍するんですね．了解しました．

5・5　微分方程式

A　応用上，重要なのは微分方程式

$$\frac{\mathrm{d}y}{\mathrm{d}x} = f(x, y)$$

ですが，通常は解けません．

S　それは困りましたね．
A　この式はベクトル場を意味しているので，解の存在と一意性を示すことができます．後は計算機を用いて数値解を求めれば十分です．
S　そのようにしてアポロが月に行ったんですね．
A　ただし変数分離型

$$\frac{\mathrm{d}y}{\mathrm{d}x} = f(x)g(y)$$

の場合は，

$$\frac{\mathrm{d}y}{g(y)} = f(x)\mathrm{d}x$$

と変形できるので，両辺の積分が簡単な関数になる場合には通常の数式として解くことができます．

S 成長式などがその典型ですね．

A じつは指数関数について解ければ十分です．例としてリチャーズ式の成長式

$$\frac{\mathrm{d}w}{\mathrm{d}t} = kw\frac{1-(w/w_\infty)^r}{r}$$

を解いてみましょう．ここで

$$u = \frac{(w_\infty/w)^r - 1}{r}$$

と置いてみてください．

S えーと，これを微分すると

$$\frac{\mathrm{d}u}{\mathrm{d}t} = \frac{\mathrm{d}u}{\mathrm{d}w}\frac{\mathrm{d}w}{\mathrm{d}t} = -\frac{w_\infty^r}{w^{r+1}}kw\frac{1-(w/w_\infty)^r}{r} = -ku$$

となります．これは指数関数なので簡単に解けて，

$$u = B\mathrm{e}^{-kt} = \mathrm{e}^{-k(t-c)} > 0$$

です．したがって

$$w = \frac{w_\infty}{(1+ru)^{1/r}} = \frac{w_\infty}{(1+r\mathrm{e}^{-k(t-c)})^{1/r}}$$

を得ます．

A それでは次にこの成長式を周期関数で

$$\frac{\mathrm{d}w}{\mathrm{d}t} = f(t)g(w), \qquad f(t) = 1 + A\cos 2\pi(t-t_1)$$

と拡張してみてください（$A > 0$）．

S えーと，変数分離型なので

$$\int \frac{\mathrm{d}w}{g(w)} = \int f(t)\mathrm{d}t = F(t) + C$$

となるから（C は積分定数），

$$F(t) = t + \frac{A}{2\pi}\sin 2\pi(t - t_1)$$

および

$$u = Be^{-kF(t)} = e^{-k(F(t) - F(c))} > 0$$

と変形できるので，結局

$$w(t) = \frac{w_\infty}{(1 + re^{-k(F(t) - F(c))})^{1/r}}$$

を得ます．

A よくできました．それでは次に連立微分方程式

$$\frac{\mathrm{d}x}{\mathrm{d}t} = -y, \qquad \frac{\mathrm{d}y}{\mathrm{d}t} = x$$

を解いてみましょう．

S これは一緒にすると，

$$\frac{\mathrm{d}^2 x}{\mathrm{d}t^2} = -x$$

となるから物理の「単振動」ですね．解は三角関数です．

A ここでは行列モデルにして解いてみます．

$$\frac{\mathrm{d}}{\mathrm{d}t}\begin{pmatrix} x \\ y \end{pmatrix} = \begin{pmatrix} 0 & -1 \\ 1 & 0 \end{pmatrix}\begin{pmatrix} x \\ y \end{pmatrix}$$

と書けるから形式的に，

$$\begin{pmatrix} x \\ y \end{pmatrix} = \exp\left[\begin{pmatrix} 0 & -1 \\ 1 & 0 \end{pmatrix} t\right]\begin{pmatrix} A \\ B \end{pmatrix}$$

という解を得ます．

S これは1変数の場合

$$\frac{\mathrm{d}x}{\mathrm{d}t} = kx \quad \text{の解は} \quad x = Ae^{kt}$$

となることのアナロジーですね.

A　ここで行列の指数関数をテイラー展開で定義すれば（笠原，1970），

$$\exp\left[\begin{pmatrix} 0 & -1 \\ 1 & 0 \end{pmatrix} t\right] = \begin{pmatrix} 1 & 0 \\ 0 & 1 \end{pmatrix} + \begin{pmatrix} 0 & -1 \\ 1 & 0 \end{pmatrix} t + \begin{pmatrix} 0 & -1 \\ 1 & 0 \end{pmatrix}^2 \frac{t^2}{2} + \begin{pmatrix} 0 & -1 \\ 1 & 0 \end{pmatrix}^3 \frac{t^3}{3!} + \cdots$$

$$= \begin{pmatrix} 1 & 0 \\ 0 & 1 \end{pmatrix}\left(1 - \frac{t^2}{2} + \frac{t^4}{4!} - \cdots\right) + \begin{pmatrix} 0 & -1 \\ 1 & 0 \end{pmatrix}\left(t - \frac{t^3}{3!} + \frac{t^5}{5!} - \cdots\right)$$

$$= \begin{pmatrix} 1 & 0 \\ 0 & 1 \end{pmatrix}\cos t + \begin{pmatrix} 0 & -1 \\ 1 & 0 \end{pmatrix}\sin t$$

$$= \begin{pmatrix} \cos t & -\sin t \\ \sin t & \cos t \end{pmatrix}$$

を得ます.

S　なるほど. オイラーの公式の導出と同じですね. これより一般解

$$\begin{pmatrix} x \\ y \end{pmatrix} = \begin{pmatrix} \cos t & -\sin t \\ \sin t & \cos t \end{pmatrix}\begin{pmatrix} A \\ B \end{pmatrix} = \begin{pmatrix} A\cos t - B\sin t \\ A\sin t + B\cos t \end{pmatrix}$$

が求まります.

A　初期値を

$$\begin{pmatrix} x(0) \\ y(0) \end{pmatrix} = \begin{pmatrix} A \\ B \end{pmatrix} = \begin{pmatrix} 1 \\ 0 \end{pmatrix}$$

とすると特殊解

$$\begin{pmatrix} x \\ y \end{pmatrix} = \begin{pmatrix} \cos t \\ \sin t \end{pmatrix}$$

を得ます.

S　行列も慣れると簡単ですね.

5・6　差分と和分

A　最後に微積分の類似品というか，基本となる差和分について解説しましょう.

S　これはどこで使うんですか？

A　超幾何分布の総和公式で用いましたが，社会科学では離散モデルを用いることが多いので，これから使う機会が増えると思います（赤嶺，2007）.

S　なるほど. 差分は

$$\Delta f(x) = f(x+1) - f(x)$$

ですね．これより

$$\sum_{x=a}^{b} \Delta f(x) = f(b+1) - f(a) = \bigl[f(x)\bigr]_a^{b+1} \tag{5.4}$$

を得ます．積分と比較すると，上限が1つ増えますね．

A 微積分の主役はベキ関数 $y = x^n$ でしたが，差和分の主役は階乗関数

$$x^{(r)} = x(x-1)\cdots(x-r+1)$$

です．この差分はどうなりますか？

S えーと，

$$\Delta x^{(r)} = (x+1)x\cdots(x-r+2) - x(x-1)\cdots(x-r+1) = rx^{(r-1)}$$

となります．ベキ関数の微分とほとんど同じです．

A ここで $r \to r+1$ として，逆演算の和分 Δ^{-1} を左から掛けると，

$$\Delta^{-1} x^{(r)} = \frac{x^{(r+1)}}{r+1} + C$$

となります．ここで C は和分定数です．

S なるほど．定数についての差分は

$$\Delta C = C - C = 0$$

となるからですね．

A これは不定和分ですが，定和分は (5.4) 式より

$$\sum_{x=a}^{b} f(x) = \bigl[\Delta^{-1} f(x)\bigr]_a^{b+1}$$

となります．これより

$$\sum_{x=1}^{n} x = \left[\frac{x^{(2)}}{2}\right]_1^{n+1} = \left[\frac{x(x-1)}{2}\right]_1^{n+1} = \frac{n(n+1)}{2} \tag{5.5}$$

です．

S そうすると，

$$\sum_{x=1}^{n} x^{(2)} = \left[\frac{x^{(3)}}{3}\right]_1^{n+1} = \left[\frac{x(x-1)(x-2)}{3}\right]_1^{n+1} = \frac{(n+1)n(n-1)}{3}$$

となるから,
$$x^2 = x^2 - x + x = x(x-1) + x = x^{(2)} + x$$
を使って,
$$\sum_{x=1}^{n} x^2 = \sum_{x=1}^{n} x^{(2)} + \sum_{x=1}^{n} x = \frac{n(n+1)(2n+1)}{6}$$
を得ます.

A さらに
$$\sum_{x=1}^{n} x^3 = \sum_{x=1}^{n} x^{(3)} + 3\sum_{x=1}^{n} x^{(2)} + \sum_{x=1}^{n} x = \left[\frac{n(n+1)}{2}\right]^2 \tag{5.6}$$
です.

S ははあ,
$$x^{(3)} + 3x^{(2)} = x(x-1)(x-2+3) = x(x^2-1) = x^3 - x$$
となるからですね.

A じつは第2種スターリング数というものがあって,次のように定義します(渡部,1982).
$$x^n = C_n^1 x^{(1)} + C_n^2 x^{(2)} + \cdots + C_n^n x^{(n)}$$

S えーと,
$$x^{(k+1)} = x^{(k)}(x-k) = x^{(k)}x - kx^{(k)}$$
だから,$x^{(k)}x = x^{(k+1)} + kx^{(k)}$ という関係を用いて計算すると,
$$C_{n+1}^k = C_n^{k-1} + kC_n^k$$
という漸化式を得ますね.納得しました.ところで,どうして (5.6) 式は (5.5) 式の2乗なんですか?

A ああ,これは
$$S_n = \frac{n(n+1)}{2}, \quad S_{n-1} = \frac{n(n-1)}{2}$$
とおくと,
$$S_n - S_{n-1} = n, \quad S_n + S_{n-1} = n^2$$
となるから,辺々を掛け合わせると,
$$(S_n - S_{n-1})(S_n + S_{n-1}) = S_n^2 - S_{n-1}^2 = n^3$$

となるからです（一松，2014）．
S　なるほど．

$$\sum_{x=1}^{n} x^3 = \sum_{x=1}^{n} (S_x^2 - S_{x-1}^2) = S_n^2 - S_0^2 = S_n^2$$

となるわけですね．スッキリしました．
A　また積の差分は $\Delta F(x) = F(x+1) - F(x) = f(x)$ とおくと

$$\Delta[F(x)g(x)] = F(x+1)g(x+1) - F(x)g(x)$$
$$= F(x+1)g(x+1) - F(x)g(x+1) + F(x)g(x+1) - F(x)g(x)$$
$$= f(x)g(x+1) + F(x)\Delta g(x)$$

となるので，両辺を和分して変形すると，

$$\sum_{x=a}^{b} f(x)g(x) = \left[\Delta^{-1}f(x)g(x-1)\right]_a^{b+1} - \sum_{x=a}^{b} \Delta^{-1}f(x)\Delta g(x-1)$$

という部分和分公式を得ます．ここで $g(x+1)$ を $g(x)$ と書き換えました．
S　これは

$$\Delta[F(x)g(x)] = F(x+1)g(x+1) - F(x+1)g(x) + F(x+1)g(x) - F(x)g(x)$$
$$= F(x+1)\Delta g(x) + f(x)g(x)$$

とも書けるから，同様に変形すると，

$$\sum_{x=a}^{b} f(x)g(x) = \left[\Delta^{-1}f(x)g(x)\right]_a^{b+1} - \sum_{x=a}^{b} \Delta^{-1}f(x+1)\Delta g(x)$$

という部分和分公式を得ます．この方が簡単ですね．
A　最初の公式は

$$\sum_{x=a}^{b} f(x)g(x) = \sum_{x=a}^{b} [F(x+1) - F(x)]g(x)$$
$$= [F(a+1) - F(a)]g(a) + [F(a+2) - F(a+1)]g(a+1) + \cdots + [F(b+1) - F(b)]g(b)$$
$$= -F(a)g(a) + F(a+1)[g(a) - g(a+1)] + \cdots + F(b)[g(b-1) - g(b)] + F(b+1)g(b)$$
$$= F(b+1)g(b) - F(a)g(a-1) - \sum_{x=a}^{b} F(x)[g(x) - g(x-1)]$$
$$= \left[F(x)g(x-1)\right]_a^{b+1} - \sum_{x=a}^{b} F(x)\Delta g(x-1)$$

となっています．つまり g でくくった多項式を，F でくくり直しただけです．
S　最後の方を書き直すと，

$$= F(b+1)g(b+1) - F(a)g(a) - \sum_{x=a}^{b} F(x+1)[g(x+1) - g(x)]$$

$$= [F(x)g(x)]_a^{b+1} - \sum_{x=a}^{b} F(x+1)\Delta g(x)$$

となって，もうひとつの公式も得られますね．これらは本質的に同じものです．

A　ただし式変形で行き詰ったりすることがあるので，両方憶えておいて損はないと思います．

5・7　線型代数

A　線型代数はユークリッド幾何学の現代版で，じつは「現代数学」そのものです（高橋，2014）．最先端の応用数学には現代数学が不可欠ですが（松谷，2013），我々には高校レベルの知識で十分でしょう．

S　高校の新課程では行列を除外してしまったそうです．

A　それは残念．時代に逆行してますね．まあ，要するに「慣れ」の問題で，通常は2次行列で間に合います．

S　微積分が2変数で間に合うのと同じですね．

A　線型代数はイギリスのケーリーとドイツのグラスマンが19世紀の中頃に独自に作りました（矢ヶ部，1978；近藤・井関，1982）．

S　ケーリーは大数学者ですが，グラスマンは当時の数学界に評価されなかったみたいですね．

A　線型代数が重要視されだしたのは量子力学で重要だからです．ヒルベルトは波動力学と行列力学が一致することを早くから見抜いていたそうです（リード，2010）．昔は難しい教科書しかなかったのですが，最近は教育的に配慮された易しい教科書も多く出版されています（梶原，2010など）．

S　行列も苦手ですが，行列式の定義がチンプンカンプンです．

A　高校では生徒よりも先生の方が嫌っているという話もあります（安藤，2012）．線型代数を一言で言えば，正比例 $y = ax$ や $z = ax + by$ の一般論です．複雑な関数はそのままでは扱えないので，微分して $y = ax$ や $z = ax + by$ の形で処理します．計算器も加減乗除しか扱えないので，線型代数が活躍するわけです．統計学に線型代数の知識はある程度必要なので，最低限の知識を以下に解説してみましょう．

5・8　行列式

S　それで行列式とは何でしょうか？

A　2次の行列式は平行四辺形の面積を，3次の行列式は平行六面体の体積を意味します．ですから行列式（determinant）と行列（matrix）とはまったく別物です．行列式は行列ほど重要ではありませんが，積分の変数変換で用いる「ヤコビアン」は重要です．2次および3次の行列式にはサラスの公式（タスキ掛け）があるので，とりあえず暗記してください．

S　2次では

$$\det\begin{pmatrix} a & b \\ c & d \end{pmatrix} = ad - bc$$

ですね．3次では

$$\det\begin{pmatrix} a & b & c \\ d & e & f \\ g & h & i \end{pmatrix} = aei + bfg + cdh - ceg - bdi - afh$$

となります．

A 3次でも第一行において「展開」すれば，

$$\det\begin{pmatrix} a & b & c \\ d & e & f \\ g & h & i \end{pmatrix} = a\det\begin{pmatrix} e & f \\ h & i \end{pmatrix} - b\det\begin{pmatrix} d & f \\ g & i \end{pmatrix} + c\det\begin{pmatrix} d & e \\ g & h \end{pmatrix}$$

となるので簡単に導けます．4次以上の行列式も展開や「基本変形」を用いて順次求めることができますが，行列と行列式の基本変形は意味が異なるので注意してください．

S 行列式はいつ頃から使われているのですか？

A 行列式は歴史が古く，ライプニッツや江戸時代初期の関孝和も創始者の一人だそうです．イギリスの有名な試験（トライポス）でもよく出題されたので，面白い練習問題が多いらしく，ルイス・キャロルもこの方面の研究者です．哲学者の西田幾多郎は初めて数学の講義を聴講した際，「デテルミナントを使うと代数の方程式がいかにも手軽に解けてしまうありさまに驚きあきれ，実に巧妙なものだとおおいに感心した」そうです（高瀬，2014）．これはクラメルの公式のことですね．

S デテルミナントを行列式と訳したのは誰ですか？

A 高木貞治のようです．行列式の古典的な定義は難しいのですが，理解してしまえば行または列による展開，およびそれらを拡張したラプラス展開が自然に理解できます（石谷，1974）．またそれ以外の定義方法もあります（一松，1992；アルティン，2010；ラング，2010）．

5・9 行 列

S そもそも行列とは何ですか？

A 行列は変数変換（写像）

$$v = ax + by$$
$$w = cx + dy$$

を

$$\begin{pmatrix} v \\ w \end{pmatrix} = \begin{pmatrix} a & b \\ c & d \end{pmatrix}\begin{pmatrix} x \\ y \end{pmatrix}$$

のように略記したものと理解すれば十分です．これを

$$\mathbf{v} = \mathbf{A}\mathbf{x}$$

のように書いて，1変数モデルと同じように扱うわけです．

S　ははあ．

A　最初にベクトルの内積を

$$\begin{pmatrix} a & b \end{pmatrix} \begin{pmatrix} x \\ y \end{pmatrix} = ax + by \tag{5.6}$$

と定義します．ここで左辺の左側は横ベクトル，右側は縦ベクトルです．

S　なんか面倒くさい書き方ですね．

A　内積が重要なのは，ベクトルが直行するとき内積が0となるからです．

S　なるほど．でも，どうしてでしたっけ？

A　そういうときは基本ベクトルで考えればOKです．基本ベクトルを

$$\mathbf{e}_1 = \begin{pmatrix} 1 \\ 0 \end{pmatrix}, \quad \mathbf{e}_2 = \begin{pmatrix} 0 \\ 1 \end{pmatrix}$$

とすると，内積は

$$\mathbf{e}_1 \mathbf{e}_1 = \mathbf{e}_2 \mathbf{e}_2 = 1, \quad \mathbf{e}_1 \mathbf{e}_2 = \mathbf{e}_2 \mathbf{e}_1 = 0$$

と定義するので，

$$(a\mathbf{e}_1 + b\mathbf{e}_2)(x\mathbf{e}_1 + y\mathbf{e}_2) = ax + by$$

となります．蛇足ですが，外積ベクトルの $\mathbf{e}_3$ 成分は

$$\mathbf{e}_1 \times \mathbf{e}_1 = \mathbf{e}_2 \times \mathbf{e}_2 = 0, \quad \mathbf{e}_1 \times \mathbf{e}_2 = -\mathbf{e}_2 \times \mathbf{e}_1 = 1$$

と定義するので，

$$(a\mathbf{e}_1 + b\mathbf{e}_2) \times (x\mathbf{e}_1 + y\mathbf{e}_2) = ay - bx$$

となります．

S　これは行列式ですね．

A　さて，方程式

$$ax + by = c$$

は何を表していますか？

S　これは直線ですね．

$$y = -\frac{a}{b}x + \frac{c}{b}$$

と変形すれば，傾き $-a/b$，y 切片 c/b の直線であることが分かります．また

$$\frac{x}{c/a} + \frac{y}{c/b} = 1$$

と切片方程式に変形すれば，2 点 $(c/a, 0)$ と $(0, c/b)$ を通る直線であることが分かります．

A　その通りです．ここで $c = ax_0 + by_0$ とおくと，

$$\begin{pmatrix} a & b \end{pmatrix} \begin{pmatrix} x - x_0 \\ y - y_0 \end{pmatrix} = 0$$

となるので，この直線はベクトル (a, b) と垂直で，点 (x_0, y_0) を通ることが分かります．同様にして，

$$ax + by + cz + d = 0$$

は何だか分かりますか？

S　これは 3 次元空間 (x, y, z) における平面の方程式ですね．ベクトル (a, b, c) と垂直な平面です．

A　一般に 3 次元空間では $x = f(t)$，$y = g(t)$，$z = h(t)$ が曲線を，$x = f(s, t)$，$y = g(s, t)$，$z = h(s, t)$ が曲面を表しますが，上記のような内積型の表現も憶えておいてください．

S　1 次元的な広がりが曲線，2 次元的な広がりが曲面ですね．了解しました．

A　次に行の方を 2 行に増やすと，

$$\begin{pmatrix} a & b \\ c & d \end{pmatrix} \begin{pmatrix} x \\ y \end{pmatrix} = \begin{pmatrix} ax + by \\ cx + dy \end{pmatrix} = \begin{pmatrix} v \\ w \end{pmatrix}$$

となりますが，これは連立 1 次方程式です．ベクトルは縦ベクトルが基本です．

S　最初の写像と同じですね．

A　連立 1 次方程式の解法にはクラメルの公式と「ガウスの消去法」があります．前者は行列式の基本変形を用いれば簡単に導けるし（アルティン，2010；ラング，2010），理論的に重要ですが，行列式の計算は面倒なので実用上は後者だけで十分です．

S　なるほど．

A　1 変数の場合，$ax = 0$ の解は $x = 0$，または $a = 0$ です．しかし 2 変数以上の場合，連立 1 次方程式 $\mathbf{A}\mathbf{x} = 0$ の解は $\mathbf{x} = 0$，または $\det \mathbf{A} = 0$ となります．

S　ここで行列式 $\det \mathbf{A}$ となるところが味噌ですね．

A　簡単な例として，

$$\begin{pmatrix} a & b \\ a & kb \end{pmatrix} \begin{pmatrix} x \\ y \end{pmatrix} = \begin{pmatrix} 0 \\ 0 \end{pmatrix}$$

を解いてみてください．

S　自明な解は $x=y=0$ です．一方，

$$\det \mathbf{A} = ab(k-1) = 0$$

だから，$a=0$ のときは $y=0$，$b=0$ のときは $x=0$，$k=1$ のときは $ax+by=0$ です．

A　前半はトリビアな解なので，数学的には後半の方が重要です．

S　といいますと？

A　たとえば固有値を求める場合，連立 1 次方程式

$$\begin{pmatrix} a & b \\ c & d \end{pmatrix} \begin{pmatrix} x \\ y \end{pmatrix} = \lambda \begin{pmatrix} x \\ y \end{pmatrix}$$

を解きます．ここで右辺を

$$\lambda \begin{pmatrix} x \\ y \end{pmatrix} = \lambda \begin{pmatrix} 1 & 0 \\ 0 & 1 \end{pmatrix} \begin{pmatrix} x \\ y \end{pmatrix} = \begin{pmatrix} \lambda & 0 \\ 0 & \lambda \end{pmatrix} \begin{pmatrix} x \\ y \end{pmatrix}$$

と変形すると，

$$\begin{pmatrix} a-\lambda & b \\ c & d-\lambda \end{pmatrix} \begin{pmatrix} x \\ y \end{pmatrix} = \begin{pmatrix} 0 \\ 0 \end{pmatrix}$$

という簡単な連立方程式になります．したがって

$$\det \begin{pmatrix} a-\lambda & b \\ c & d-\lambda \end{pmatrix} = (a-\lambda)(d-\lambda) - bc$$
$$= \lambda^2 - (a+d)\lambda + ad - bc = 0$$

という λ の 2 次方程式を解けば OK です．

S　なるほど．

A　これを特性方程式（または固有方程式）と呼びます．λ の 2 根のそれぞれについて，ベクトル (x,y) が求まるので，これを固有ベクトルと呼びます．

S　それは了解です．

A　さらに列の方を 2 列に増やすと，

$$\begin{pmatrix} a & b \\ c & d \end{pmatrix} \begin{pmatrix} x & s \\ y & t \end{pmatrix} = \begin{pmatrix} ax+by & as+bt \\ cx+dy & cs+dt \end{pmatrix}$$

となりますが，これが「行列の積」の定義です．左辺右側の行列のように「縦ベクトルに分解する」のが行列計算のコツです．上式より一般に行列では

$$\mathbf{AB} \neq \mathbf{BA}$$
$$(\mathbf{AB})\mathbf{C} = \mathbf{A}(\mathbf{BC})$$

となります．合成写像を考えれば納得できるでしょう．

S　つまり結合則は成り立つが，交換則は成り立たないわけですね．

A　また行列の積では，

$$\begin{pmatrix} a & 0 \\ c & 0 \end{pmatrix} \begin{pmatrix} 0 & 0 \\ y & t \end{pmatrix} = \begin{pmatrix} 0 & 0 \\ 0 & 0 \end{pmatrix}$$

のように，0 でないのに積が 0 になるものがあるので注意してください．なおこの例では，

$$\begin{pmatrix} 0 & 0 \\ y & t \end{pmatrix} \begin{pmatrix} a & 0 \\ c & 0 \end{pmatrix} = \begin{pmatrix} 0 & 0 \\ ay+ct & 0 \end{pmatrix}$$

となっています．

S　かなり面倒くさいですね．高校で教えなくなったのも仕方ありません．

A　行列では割り算はできませんが，逆数に相当する逆行列を用いれば可能です．理論的には余因子行列を用いたり，掃き出し法で求めますが，パソコンのソフトで計算するのが実用的です．パソコンのソフトには専用のアルゴリズムが開発されていますから（村田，1994）．

S　2 次行列では公式

$$\begin{pmatrix} a & b \\ c & d \end{pmatrix}^{-1} = \frac{1}{ad-bc} \begin{pmatrix} d & -b \\ -c & a \end{pmatrix}$$

がありますね．

A　これは余因子行列を用いたものです．計算間違いしやすいので，手計算は 2 次か 3 次くらいまでにした方が賢明でしょう．なお i 行 j 列の行列を (i, j) で表すと，行列の積では左側の列数と右側の行数が一致する必要があります．このとき $(i, j)(j, k) \rightarrow (i, k)$ となります．

S　内側の j がキャンセルされるわけですね．

A　最初の内積

$$(a \quad b) \begin{pmatrix} x \\ y \end{pmatrix} = ax + by$$

では $(1, 2)(2, 1) \rightarrow (1, 1)$ となっていました．左辺の順序を逆にすると，

$$\begin{pmatrix} x \\ y \end{pmatrix} (a \quad b) = \begin{pmatrix} ax & bx \\ ay & by \end{pmatrix}$$

となります．ここでは $(2, 1)(1, 2) \rightarrow (2, 2)$ となっています．

S　これは **AB ≠ BA** の典型ですね．

A　多次元正規分布や多変数の最適化法では 2 次形式

$$(x \quad y)\begin{pmatrix} a & h \\ h & b \end{pmatrix}\begin{pmatrix} x \\ y \end{pmatrix} = ax^2 + 2hxy + by^2$$

を用います．これは (1, 2)(2, 2)(2, 1) → (1, 1) となっています．上式の係数行列は対称行列なので，直交変換（座標の回転や折り返し）によって

$$(X \quad Y)\begin{pmatrix} \lambda & 0 \\ 0 & \mu \end{pmatrix}\begin{pmatrix} X \\ Y \end{pmatrix} = \lambda X^2 + \mu Y^2$$

とすることができます（ここでλとμは固有値）．これを「対角化」と呼び，主成分分析の原理です．

S 用いる行列は分散行列または相関行列ですね．

A 行列 **A** の行と列を交換した行列を転置行列と呼び，${}^t\mathbf{A}$ と表します．ここで

$${}^t(\mathbf{AB}) = {}^t\mathbf{B}\,{}^t\mathbf{A}$$

に注意してください．対称行列は行列の要素が $a_{ij} = a_{ji}$ となっている行列のことで，

$${}^t\mathbf{A} = \mathbf{A}$$

と表せます．また直交行列は

$${}^t\mathbf{A}\mathbf{A} = \mathbf{A}\,{}^t\mathbf{A} = \mathbf{I}$$

と定義します．

S これは転置行列が逆行列になっているから，

$${}^t\mathbf{A} = \mathbf{A}^{-1}$$

とも表せますね．それぞれの列（または行）が直交しています．

A 対称行列は直交行列によって対角化できます．とりわけ「固有値が異なる場合」は以下のように簡単に示せます．ベクトルの内積 (5.6) を

$$(\mathbf{p}, \mathbf{q}) = {}^t\mathbf{p}\mathbf{q}$$

と表し，対称行列 ${}^t\mathbf{A} = \mathbf{A}$ の固有ベクトルをそれぞれ

$$\mathbf{A}\mathbf{p} = \lambda \mathbf{p}, \quad \mathbf{A}\mathbf{q} = \mu \mathbf{q}$$

とすると，

$$(\mathbf{A}\mathbf{p}, \mathbf{q}) = {}^t(\mathbf{A}\mathbf{p})\mathbf{q} = ({}^t\mathbf{p}\,{}^t\mathbf{A})\mathbf{q} = {}^t\mathbf{p}\mathbf{A}\mathbf{q} = (\mathbf{p}, \mathbf{A}\mathbf{q})$$

となります．ここで

$$(\mathbf{Ap},\mathbf{q}) = (\lambda\mathbf{p},\mathbf{q}) = \lambda(\mathbf{p},\mathbf{q}), \quad (\mathbf{p},\mathbf{Aq}) = (\mathbf{p},\mu\mathbf{q}) = \mu(\mathbf{p},\mathbf{q})$$

であり，$\lambda \neq \mu$ なので

$$(\mathbf{p},\mathbf{q}) = 0$$

となります．つまり対称行列の固有ベクトルは互いに直交しています．したがって固有ベクトルを並べて直交行列を作れば，対称行列を対角化できるわけです．

S　うーん．線型代数を使うと簡単に片付いてしまいますね．

A　以上の話を具体的に主成分分析で示してみましょう．まず直交行列を用いて座標変換を，

$$\begin{pmatrix} x \\ y \end{pmatrix} = \begin{pmatrix} c & -s \\ s & c \end{pmatrix} \begin{pmatrix} X \\ Y \end{pmatrix}$$

とします．両辺を転置すると，

$$\begin{pmatrix} x & y \end{pmatrix} = \begin{pmatrix} X & Y \end{pmatrix} \begin{pmatrix} c & s \\ -s & c \end{pmatrix}$$

となります．ここで

$$\begin{pmatrix} c & -s \\ s & c \end{pmatrix}^{-1} = \begin{pmatrix} c & s \\ -s & c \end{pmatrix}, \quad c^2 + s^2 = 1$$

に注意してください．

S　s は $\sin\theta$，c は $\cos\theta$ の意味ですね．

A　これらを用いると対称行列（分散行列または相関行列）を，

$$\begin{pmatrix} c & s \\ -s & c \end{pmatrix} \begin{pmatrix} a & h \\ h & b \end{pmatrix} \begin{pmatrix} c & -s \\ s & c \end{pmatrix} = \begin{pmatrix} \lambda & 0 \\ 0 & \mu \end{pmatrix}$$

と対角化できます．そこで左から直交行列を掛けると，

$$\begin{pmatrix} a & h \\ h & b \end{pmatrix} \begin{pmatrix} c & -s \\ s & c \end{pmatrix} = \begin{pmatrix} c & -s \\ s & c \end{pmatrix} \begin{pmatrix} \lambda & 0 \\ 0 & \mu \end{pmatrix}$$

となります．これを縦ベクトルに分ければ，

$$\begin{pmatrix} a & h \\ h & b \end{pmatrix} \begin{pmatrix} c \\ s \end{pmatrix} = \lambda \begin{pmatrix} c \\ s \end{pmatrix}, \quad \begin{pmatrix} a & h \\ h & b \end{pmatrix} \begin{pmatrix} -s \\ c \end{pmatrix} = \mu \begin{pmatrix} -s \\ c \end{pmatrix}$$

となっています．つまり主成分分析では分散行列または相関行列の固有値と固有ベクトルを求めればOKです．そのとき固有ベクトルは直交しています．

S　なるほど．

A 最適化法では目的関数 Z の最大値または最小値を数値計算で求めますが，解の近くでは（変数変換すると），

$$Z = \begin{pmatrix} X & Y \end{pmatrix} \begin{pmatrix} \lambda & 0 \\ 0 & \mu \end{pmatrix} \begin{pmatrix} X \\ Y \end{pmatrix} = \lambda X^2 + \mu Y^2$$

となっています．最小二乗法では $\lambda > 0$，$\mu > 0$ となっているので最小値，最尤法では $\lambda < 0$，$\mu < 0$ となっているので最大値となっています．

S 目的関数 Z の符号を変えれば同じに扱えますね．

A これらは幾何学的には楕円放物面です．λ と μ が異符号の場合は，Z が増加する方向と減少する方向があって，山頂や谷底ではなくて峠の形で「鞍点」と呼ばれ，幾何学的には双曲放物面です．

S 実際の最小二乗法や最尤法において，鞍点に収束することはあるのでしょうか？

A そんなことはほとんど起きません．計算方法が拙いか，目的関数が平坦になって途中で止まってしまう場合がほとんどだと思います．

5・10 自由度

S 行列と行列式以外で重要なものはありますか？

A 「1次従属」と「1次独立」は基本的な概念で，統計学における「自由度」に関係します．カール・ピアソンとフィッシャーはカイ二乗適合度検定の自由度で論争しましたが，フィッシャーの方が正論でした．カール・ピアソンの頃は線型代数が大学で教えられてなかったのです．

S なるほど．線型代数の重要性がよく分かりました．それで自由度とは何ですか？

A 自由度は独立な変数の数，または自由に動ける空間の次元です．たとえば混合正規分布は

$$P(x) = \sum_{i=1}^{n} p_i N(\mu_i, \sigma_i^2), \quad p_i > 0$$

と表されますが，制限条件

$$\sum_{i=1}^{n} p_i = 1$$

があるので，混合率 p の自由度は $n-1$ です．実際に最適化法でパラメータ値を推定する場合には，

$$p_n = 1 - \sum_{i=1}^{n-1} p_i$$

として $p_1, \cdots, p_{n-1}$ の $n-1$ 個を動かせば OK です．

S 回帰モデルにおける自由度もよく耳にしますけど？

A 標準正規分布に従う確率変数を z とおくと，

$$S = z_1^2 + z_2^2 + \cdots + z_n^2$$

は自由度 n のカイ二乗分布に従います．したがって回帰モデルにおいて，n 組の (y, μ, σ) をデータとすると，残差平方和

$$S = \left(\frac{y_1 - \mu_1}{\sigma_1}\right)^2 + \left(\frac{y_2 - \mu_2}{\sigma_2}\right)^2 + \cdots + \left(\frac{y_n - \mu_n}{\sigma_n}\right)^2$$

は自由度 n のカイ二乗分布に従います．ここでたとえば直線モデル

$$\mu(t) = at + b$$

を仮定して，最小二乗法の制限条件

$$\frac{\partial S}{\partial a} = 0, \quad \frac{\partial S}{\partial b} = 0$$

を加えると，S は自由度 $n-2$ のカイ二乗分布に従います．

S これは回帰直線ですね．

A ええ．なお通常の回帰直線では分散はすべて一定と仮定しています．また成長曲線では

$$\mu(t) = f(t; a, b, c)$$

という 3 パラメータの非線型モデルを用いることが多いので，最小二乗法の制限条件

$$\frac{\partial S}{\partial a} = 0, \quad \frac{\partial S}{\partial b} = 0, \quad \frac{\partial S}{\partial c} = 0$$

を加えると，S は自由度 $n-3$ のカイ二乗分布に従います．ただし各測定時のデータ y_i として「n_i 個の平均値」を使用する場合は，分散 σ_i^2 を「平均値の分散 σ_i^2/n_i」に変更する必要があります．

S カール・ピアソンとフィッシャーが論争した適合度検定はどうなりますか？

A 二項分布が正規分布で近似できるのと同様に，多項分布

$$P(n_1, \cdots, n_k) = \frac{N!}{n_1! \cdots n_k!} p_1^{n_1} \cdots p_k^{n_k}$$

$$\sum_{i=1}^{k} p_i = 1, \quad \sum_{i=1}^{k} n_i = N$$

は多次元正規分布で近似できます（小針，1973；赤嶺，2007）．その指数部分の -2 倍は

$$\chi^2 = \sum_{i=1}^{k} \frac{(n_i - Np_i)^2}{Np_i}$$

となりますが，これは自由度 $k-1$ のカイ二乗分布に従います．これは制限条件

$$\sum_{i=1}^{k} p_i = 1$$

があるからです．二項分布で確認してみてください．

S　えーと．二項分布の場合は $p+q=1$ だから，$n_1 = r$, $n_2 = N-r$ とすると，

$$\frac{(r-Np)^2}{Np} + \frac{(N-r-Nq)^2}{Nq} = \frac{(r-Np)^2}{Npq} = \left(\frac{r-\mu}{\sigma}\right)^2 = z^2$$

となります．なるほど，この場合の自由度は 1 ですね．合点しました．

5・11　教科書

A　数学の教科書には大雑把に以下の3つのレベルがあるように思います．
（Ⅰ）生物系・社会科学系の数学
（Ⅱ）理工系の数学（応用数学）
（Ⅲ）現代数学（純粋数学）
面白くて有益な数学は（Ⅱ）の応用数学なので，多くの教科書は（Ⅱ）の人たち向けに数学の専門家が書いています．

S　それで（Ⅰ）の私たちには難しすぎるわけですか．

A　難解な教科書を頑張って読むのは「退屈」でしょうね．

S　退屈ではなくて「苦痛」です．

A　もちろん（Ⅰ）の私たち向けの教科書も多くありますが，（Ⅱ）まで自然に引き上げてくれる本が少ないのが現状です．

S　ちょっと残念ですね．それで私たち向けにお勧めの教科書はありますか？

A　数学の教科書として「これ一冊」というのであれば，やはり
　　『オイラーの贈物』．吉田　武．東海大学出版会．(2010).
がコスト・パフォーマンスに優れていると思います．また微積分のコンパクトな教科書として，
　　『解析序説』．小林龍一・廣瀬　健・佐藤ふさ夫．ちくま学芸文庫．(2010).
もお勧めです．計算技術をマスターしたければ石井 (2014) がよいでしょう．

S　線型代数についてはどうですか？

A　教科書として，
　　『1冊でマスター　大学の線形代数』．石井俊全．技術評論社．(2015).
を，参考書として
　　『2次行列のすべて』．石谷　茂．現代数学社．(1976, 2008).
　　『ようこそ線形代数へ』．吉田信夫．現代数学社．(2014).
を挙げておきます．証明は数学的帰納法を用いることが多いのですが，自分でいろいろ考えてみると理解が深まると思います（石谷, 1981）．

S　高校数学からきちんと復習したい人も多いと思いますけど．

A　じっくり時間をかけて勉強したい人には，

『武藤徹の高校数学読本』（全6巻）．日本評論社．

『大道を行く高校数学』（全3巻）．現代数学社．

『高校数学史演習』安藤洋美．現代数学社．(1999)．

などがお勧めです．また長沼（2011）は一読の価値があります．

文 献

赤嶺達郎（2007）：水産資源解析の基礎．恒星社厚生閣．

赤嶺達郎（2010）：水産資源のデータ解析入門．恒星社厚生閣．

安藤洋美（1975）：トドハンター確率論史．現代数学社．

安藤洋美（2012）：異説数学教育史．現代数学社．

アルティン（2010）：ガロア理論入門．ちくま学芸文庫．

一松 信（1992）：代数学入門第二課．近代科学社．

一松 信（2014）：ミニ数学を創ろう 一般逆行列．現代数学 2014年8月号，25-29．

石井俊全（2014）：1冊でマスター 大学の微分積分．技術評論社．

石谷 茂（1974）：行列と行列式で楽しむ．現代数学社．

石谷 茂（1981）：Dim と Rank に泣く．現代数学社．

梶原じょう二（1988）：新修文系・生物系の数学．現代数学社．

梶原 健（2010）：基礎からわかる！ しっかりわかる！！ 線形代数ゼミ．ナツメ社．

笠原こう司（1970）：新微分方程式対話．現代数学社．

笠原こう司（1984）：オイラーの公式．定理からの数学入門（数学セミナーリーディングス），日本評論社，110-115．

小針あき宏（1973）：確率・統計入門．岩波書店．

近藤基吉・井関清志（1982）：近代数学（上）現代数学の黎明期．日本評論社．

松谷茂樹（2013）：線型代数学周遊 応用をめざして．現代数学社．

森 真（2012）：入門 確率解析とルベーグ積分．東京図書．

森 毅（1978）：微積分の意味．日本評論社．

村田健郎（1994）：理工系学生のための基礎数学．現代数学社．

長沼伸一郎（2011）：物理数学の直観的方法（普及版）．講談社ブルーバックス．

ラング（2010）：ラング線形代数学（上，下）．ちくま学芸文庫．

リード（2010）：ヒルベルト 現代数学の巨峰．岩波現代文庫．

高木貞治（2010）：数学の自由性．ちくま学芸文庫．

高橋秀俊（1974）：数理の散策．日本評論社．

高橋礼司（2012）：線型代数講義．日本評論社．

高瀬正仁（2014）：高木貞治とその時代．東京大学出版会．

渡部隆一（1982）：差分と和分．数学ワンポイント双書 37．共立出版．

矢ヶ部巌（1978）：行列と群とケーリーと．現代数学社．

第6章　数理統計の基礎

> 統計学の主役である代表的な確率分布を二項分布から導きます．具体的にはポアソン分布，正規分布，カイ二乗分布，F分布，ガンマ分布，ベータ分布について解説します．変数変換が主体なので，通常はゴリゴリ計算するのですが，直観的に理解しやすいように幾何学的なイメージに基づく微分方程式や球の表面積を用います．後半は最近の確率論についての一般教養的な話です．

6・1　二項定理

S君　統計学で用いる確率モデルについて勉強したいのですが．

A先生　それでは最初に「パスカルの三角形」について解説してみてください．

S　えーと，$p=q=1$ のとき

$$(p+q)^0 = 1$$
$$(p+q)^1 = 1+1$$
$$(p+q)^2 = 1+2+1$$
$$(p+q)^3 = 1+3+3+1$$
$$(p+q)^4 = 1+4+6+4+1$$
$$(p+q)^5 = 1+5+10+10+5+1$$

となります．右辺のピラミッドがパスカルの三角形です．

A　これはランダム・ウォークや二項分布の基礎となる重要な関係で，インドや中国ではもっと昔から「算術三角形」として知られていたそうです（安藤, 2007）．ところで $a^0=1$ は OK ですか？

S　$a^{n-m} = a^n/a^m$ において，$n=m$ とすれば得られます．

A　対数をとると，$\ln a^0 = 0 \ln a = 0$ ですね．算術三角形は「組合せ数」で構成されています．

S　組合せ数の定義は

$$\binom{n}{r} = \frac{n!}{r!(n-r)!} = \binom{n}{n-r}$$

ですね．ここで $n! = n(n-1)(n-2)\cdots 1$ は階乗です．第2章で扱いました．

A このとき

$$\binom{n}{0} = \frac{n!}{0!n!} = \binom{n}{n} = 1$$

に注意してください．これから $0! = 1$ と定義します．

S n 個のものから 0 個とりだす組合せは考えにくいけど，n 個のものから n 個とりだす組合せは 1 通りで，それと一致するわけですね．

A また算術三角形の導き方から，

$$\binom{n-1}{r-1} + \binom{n-1}{r} = \binom{n}{r}$$

という関係が分かります．つまり $n-1$ 乗の展開式の $r-1$ 番目と r 番目の和が n 乗の展開式の r 番目になります．これを利用して $n = 20$ を求めてみてください．

S 表計算ソフトを使って順々に計算すれば楽勝です．

$$(p+q)^{20} = 1 + 20 + 190 + 1140 + 4845 + 15504 + 38760 \\ + 77520 + 125970 + 167960 + 184756 + \cdots$$

となって，以降は前半の折り返しです．

A 棒グラフにするとどうなりますか．

S ああ，これは「正規分布」ですね（図6-1）．

A パスカルの三角形や通常の二項分布は正規分布で近似できますが，このようにグラフに描いて

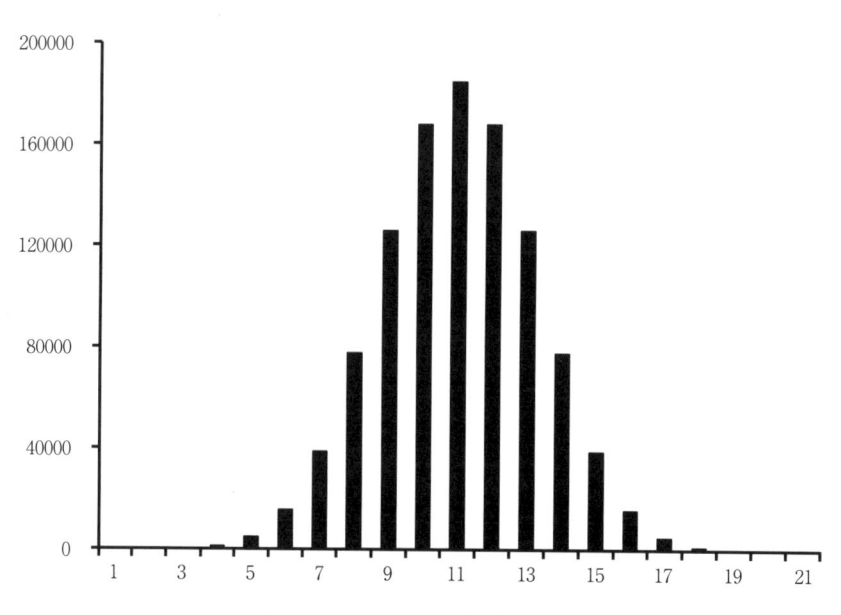

図6-1 パスカルの三角形（$n = 20$）

「実感」することが重要です．ところでランダム・ウォーク（乱歩，酔歩）はご存じですね．

S　もちろんです．結果は二項分布に従います．

A　生物学者のゴールトンやカール・ピアソンは遺伝モデルを直観的に説明する道具として，クインカンクス（Quincunx）というピラミッド型のパチンコ台を作成してランダム・ウォークを視覚的に提示しました（安藤，1989，1997；コルモゴロフら，2003）．

S　どうしてそんな装置を作ったのですか？

A　イギリスはニュートン以降，純粋数学では大陸に後れをとりましたが，いち早く産業革命を達成しました．1830 年代以降，最小二乗法などが工学者にとって常識となったため，単純で完全に満足すべき証明が求められたそうです（安藤，1995）．このような機械模型は数理モデルの直観的な理解に寄与したと思います．それで「二項定理」はどうなりますか？

S　パスカルの三角形の一般化なので簡単です．

$$(p+q)^0 = 1$$
$$(p+q)^1 = p+q$$
$$(p+q)^2 = p^2 + 2pq + q^2$$
$$(p+q)^3 = p^3 + 3p^2q + 3pq^2 + q^3$$
$$(p+q)^4 = p^4 + 4p^3q + 6p^2q^2 + 4pq^3 + q^4$$
$$(p+q)^5 = p^5 + 5p^4q + 10p^3q^2 + 10p^2q^3 + 5pq^4 + q^5$$

となります．

A　二項定理は一般的に

$$(p+q)^n = \binom{n}{0}p^n + \binom{n}{1}p^{n-1}q + \binom{n}{2}p^{n-2}q^2 + \cdots + \binom{n}{n}q^n$$

と表せます．この係数が二項係数（組合せ数）です．二項定理に関してファインマンが3乗根を暗算で出した話があります（ファインマン，1986；笠原，1991）．

S　ああ，そろばんの行商人と競争した話ですね．でも微積分の話だったと思いますけど？

A　ファインマンは3乗根の1次近似を用いましたが，じつは二項定理で OK です．実際の問題は $\sqrt[3]{1729.03}$ です．

S　これはちょっと暗算では無理でしょう．

A　欧米には 12 進数のなごりが残っていて，ファインマンは $12^3 = 1728$ を知っていたのです．あとは小数点以下を求めるだけなので，二項定理を使って解いてみてください．

S　えーと，$p=12$, $q=$ 小数点以下とおくと

$$(12+q)^3 = 1728 + 432q + 36q^2 + q^3 = 1729.03$$

となりますが，q は小さいので q^2 と q^3 の項を無視して，結局，

$$q = \frac{1.03}{432} = 0.00238426$$

を暗算で解けばいいだけですね．暗算だと 1/430 = 0.0023 程度でしょうか．
A　正解は 12.00238379 ですから，これでも小数点以下 6 桁くらいまで合っています．
S　なるほど．つまり 1729 が「ラッキー・ナンバー」だったわけですか．
A　余談ですが，この数字には別な逸話があります．インドの天才数学者ラマヌジャンを見舞いに来たハーディが「乗ったタクシーの番号は 1729 で平凡だった」と告げたとき，ラマヌジャンは目を輝かせて「$1729 = 1^3 + 12^3 = 9^3 + 10^3$ こんなふうに 2 つの 3 乗数への分解が 2 種類もある最初の数です」と言ったそうです（森，1973）．
S　さすがのハーディも驚いたでしょうね．ラマヌジャンといえば「マハーラノービスの問題」を聞きながら解いてしまった，という逸話も聞いたことがあります（木村，2012）．
A　二項定理から二項級数

$$(1+x)^n = \binom{n}{0} + \binom{n}{1}x + \binom{n}{2}x^2 + \binom{n}{3}x^3 + \cdots$$

が導けます．二項級数を指数関数の定義式

$$e^x = \lim_{n \to \infty} \left(1 + \frac{x}{n}\right)^n$$

に適用してみてください．
S　えーと，

$$\left(1 + \frac{x}{n}\right)^n = \binom{n}{0} + \binom{n}{1}\frac{x}{n} + \binom{n}{2}\left(\frac{x}{n}\right)^2 + \binom{n}{3}\left(\frac{x}{n}\right)^3 + \cdots$$

$$= 1 + n\frac{x}{n} + \frac{n(n-1)}{2}\frac{x^2}{n^2} + \frac{n(n-1)(n-2)}{3!}\frac{x^3}{n^3} + \cdots$$

$$= 1 + x + \left(1 - \frac{1}{n}\right)\frac{x^2}{2} + \left(1 - \frac{1}{n}\right)\left(1 - \frac{2}{n}\right)\frac{x^3}{3!} + \cdots$$

$$\to 1 + x + \frac{x^2}{2} + \frac{x^3}{3!} + \frac{x^4}{4!} + \frac{x^5}{5!} + \cdots$$

となって，簡単に指数関数のテイラー展開が求まりました．
A　これは積を和に展開しただけですが，前者の収束が遅いのに対し，後者は非常に速く収束します．
S　その話は以前にもお聞きしました．
A　ニュートンは二項級数の達人でしたから，二項級数をニュートン級数とも呼びます（森，1978；ハイラー・ワナー，1997；ハーン，2001）．なお $p + q = 1$ のとき，

$$(p+q)^n = \sum_{r=0}^{n} \mathrm{Bi}(r;n,p) = \sum_{r=0}^{n} \binom{n}{r} p^r q^{n-r} = 1$$

となりますが，これが二項分布です．

6・2 ポアソン分布

S 二項分布の正規分布近似は大変みたいですね．

A 計算が面倒なのですが，問題なのは p が 0 や 1 に近い場合に正規分布ではなくて，ポアソン分布に近似してしまうことです．

S 正規分布は左右対称ですが，$0 \leq r \leq n$ なので p が 0 や 1 に近い場合には左右不対称になってしまうからですね．

A それでは最初に二項分布のポアソン分布近似を考えてみましょう．こちらの方が簡単ですから．

S これは普通に近似すれば導けたように記憶しています．

A 数学的には $n \to \infty$, $p \to 0$, $np \to \lambda$ の極限と定義します．このとき $p \to \lambda/n$, $q \to 1$ だから，二項定理を形式的に適用すれば，

$$(p+q)^n \to \left(\frac{\lambda}{n} + 1\right)^n \to 1 + \lambda + \frac{\lambda^2}{2} + \frac{\lambda^3}{3!} + \cdots$$

を得ます．右端の級数の和は e^λ ですから，これで全体を割れば，

$$\mathrm{e}^{-\lambda} + \lambda \mathrm{e}^{-\lambda} + \frac{\lambda^2}{2} \mathrm{e}^{-\lambda} + \frac{\lambda^3}{3!} \mathrm{e}^{-\lambda} + \cdots = 1$$

となります．これがポアソン分布です．

S それはいくらなんでも乱暴ですね．$p + q > 1$ となっていますよ．

A ああ，それなら修正しましょう．

$$1 = (p+q)^n = \left(\frac{p}{q} + 1\right)^n q^n$$

と変形すれば，

$$\left(\frac{p}{q} + 1\right)^n \to \left(\frac{\lambda}{n-\lambda} + 1\right)^n = \left(\frac{\lambda}{m} + 1\right)^m \left(\frac{\lambda}{m} + 1\right)^\lambda$$

$$\to 1 + \lambda + \frac{\lambda^2}{2} + \frac{\lambda^3}{3!} + \cdots$$

および

$$q^n = (1-p)^n \to \left(1 - \frac{\lambda}{n}\right)^n \to e^{-\lambda}$$

となります．

S なるほど．これからポアソン分布の確率

$$P(x; \lambda) = \frac{\lambda^x}{x!} e^{-\lambda}$$

が求まりますね．

A このとき

$$\int_0^\infty P(x; \lambda) \, d\lambda = \frac{\Gamma(x+1)}{x!} = 1$$

となっていることに注意してください（赤嶺，2010）．

S 中央の分子はガンマ関数だから，これはガンマ分布でしたね．

6・3 標準正規分布

A 二項分布の正規分布近似を解説する前に，正規分布を直接に導いてみましょう．歴史上，正規分布を最初に導いたのはド・モアブルですが，「誤差関数」と認識して最小二乗法を適用したのはガウスです．もっとも，最小二乗法を最初に公表したのはルジャンドルですけど（安藤，1995）．

S それで正規分布をガウス分布とも呼ぶんですね．

A 最初に正規分布を拡散モデルと見なして2次元に拡張します．このとき

$$g(x, y) = f(x) f(y)$$

のように積の形にします．ここでfは通常の正規分布です．

S どうして2次元にするのですか？

A 正規分布の係数に$\sqrt{2\pi}$が出てきますが，2次元だとこれが2πになります．積分値など2次元の方が理解しやすいと思います．

S なるほど．それで1次元では左右に対称に拡散しますが，えーと，2次元では「同心円」状に拡散します．

A その通りです．記号論理学で有名なブールはそのように考えて，

$$f(x) f(y) = f(0) f(\sqrt{x^2 + y^2})$$

という関数方程式を導きました（安藤，1995）．x-y平面における同心円上の2点(x, y)と$(0, \sqrt{x^2 + y^2})$の確率が等しいと考えたわけです．

S なるほど．ところで，この関数方程式はどのようにして解くのですか？

A　通常は

$$f(x) = a_0 + a_1 x + a_2 x^2 + a_3 x^3 + \cdots$$

という級数を代入して，係数を順々に求めていきますが，ブールはこの関数方程式を x および y で微分して，

$$f'(x)f(y) = f(0)f'(\sqrt{x^2+y^2})\frac{x}{\sqrt{x^2+y^2}}$$

$$f(x)f'(y) = f(0)f'(\sqrt{x^2+y^2})\frac{y}{\sqrt{x^2+y^2}}$$

を得ました．これらを変形して

$$\frac{f'(x)}{xf(x)} = \frac{f'(y)}{yf(y)}$$

という方程式を得ますが，左辺は x だけの関数，右辺は y だけの関数なので，

$$\frac{f'(x)}{xf(x)} = k$$

となります（k は定数）．

S　ははあ，拡散方程式の解法でよく使う手ですが，ブールはさすがに天才ですね．この微分方程式は

$$\frac{\mathrm{d}f}{f} = kx\mathrm{d}x$$

と変数分離型になるから両辺を積分できて，求める関数は

$$f(x) = A\mathrm{e}^{-hx^2/2}$$

です．ここで定数を $k = -h < 0$ としたのは積分が無限大になるのを防ぐためです．それにしても，こんな単純な関数方程式から正規分布が導けるとは驚きました．これから定数 A と h の値を決定すればいいんですね．

A　その通りです．f は確率分布なので，A は

$$A\int_{-\infty}^{\infty}\mathrm{e}^{-hx^2/2}\mathrm{d}x = 1$$

を満たす定数です．先に h を決定しましょう．この確率分布の平均と分散を求めてみてください．

S　平均は

$$E(x) = \int_{-\infty}^{\infty} x f(x) \mathrm{d}x = 0$$

です．奇関数なので当然です．

A　それはちょっと乱暴ですね．コーシー分布などでは成立しませんよ．

S　そうでした．きちんと積分すると

$$E(x) = \left[-\frac{A}{h} \mathrm{e}^{-hx^2/2} \right]_{-\infty}^{\infty} = 0$$

となります．それで分散の方は部分積分を用いると，

$$V(x) = \int_{-\infty}^{\infty} x^2 f(x) \mathrm{d}x = \int_{-\infty}^{\infty} x \cdot x f(x) \mathrm{d}x$$

$$= \left[-x \frac{A}{h} \mathrm{e}^{-hx^2/2} \right]_{-\infty}^{\infty} + \frac{A}{h} \int_{-\infty}^{\infty} \mathrm{e}^{-hx^2/2} \mathrm{d}x = \frac{1}{h}$$

を得ます．なるほど，h は分散の逆数ですね．

A　部分積分の第1項は不定型ですが，ガンマ関数のところでまた論じます．ここで $h=1$ に決定すると，分散は1となります．これを標準正規分布と呼びます．

S　残りは A だけですね．

A　最初に

$$I = \int_{-\infty}^{\infty} \mathrm{e}^{-x^2} \mathrm{d}x$$

を求めてみてください．

S　有名なガウス積分ですね．

$$I^2 = \left(\int \mathrm{e}^{-x^2} \mathrm{d}x \right) \left(\int \mathrm{e}^{-y^2} \mathrm{d}y \right) = \iint \mathrm{e}^{-(x^2+y^2)} \mathrm{d}x \mathrm{d}y$$

と二重積分にします．こうすると指数関数の中に円周

$$x^2 + y^2 = r^2$$

が現れます．この円周上では確率密度は一定です．したがって x-y 平面において半径 r の同心円上の積分を考えればよいから，面積要素は

$$2\pi r \mathrm{d}r$$

となります（武藤, 2012）．

A　ここで「π」が出現しましたね．

S　これより

$$I^2 = \int_0^{\infty} \mathrm{e}^{-r^2} 2\pi r \mathrm{d}r = \pi \left[-\mathrm{e}^{-r^2} \right]_0^{\infty} = \pi$$

を得ます．つまり

$$I = \sqrt{\pi}$$

です．以上より

$$P(x) = \frac{1}{\sqrt{\pi}} e^{-x^2}$$

が求まります．

A ここで $z/\sqrt{2} = x$ とおくと，確率の変数変換は $P(z)dz = P(x)dx$ だから，

$$P(z) = P(x)\frac{dx}{dz} = \frac{1}{\sqrt{2\pi}} e^{-z^2/2}$$

を得ます．つまり $A = 1/\sqrt{2\pi}$ です．これでめでたく標準正規分布の確率密度が求まりました．

6・4 二項分布の正規分布近似

S 二項分布の正規分布近似は計算が面倒だったんですよね．

A 厳密な方法ではスターリングの公式を用いますが（小針，1973；一松，1981；安藤，1975，1992；コルモゴロフら，2003；森，2006；赤嶺，1989），ここでは微分方程式を導く直観的な方法を紹介します（田島，1979；武藤，2012）．二項分布を

$$\mathrm{Bi}(r) = \binom{n}{r} p^r q^{n-r}$$

と表します．これから r についての差分方程式を求めてみてください．

S えーと，

$$\frac{\mathrm{Bi}(r+1)}{\mathrm{Bi}(r)} = \frac{(n-r)p}{(r+1)q}$$

だから，

$$\mathrm{Bi}(r+1) - \mathrm{Bi}(r) = \frac{np - r - q}{(r+1)q} \mathrm{Bi}(r)$$

となります．

A 二項分布の平均は np，分散は npq なので，二項分布の確率変数を r，標準正規分布の確率変数を z とおくと，変数変換は

$$z = \frac{r - np}{\sqrt{npq}} \tag{6.1}$$

となります．これが本質的に重要です．

S どうしてですか？

A これより

$$V(z) = V\left(\frac{r-np}{\sqrt{npq}}\right) = \frac{V(r)}{npq} = 1$$

となるので，分散が標準正規分布と一致するからです．したがって数学的には $n \to \infty$, $(r-np)/\sqrt{npq} \to z$ の極限と定義します．

S ポアソン分布と区別するためですね．了解しました．この変数変換より

$$\frac{(r+1)-np}{\sqrt{npq}} = z + \frac{1}{\sqrt{npq}}$$

となるので，Bi(r) = $N(z)$ のとき

$$\text{Bi}(r+1) = N\left(z + \frac{1}{\sqrt{npq}}\right)$$

となります．したがって差分方程式を書き直すと，

$$N\left(z + \frac{1}{\sqrt{npq}}\right) - N(z) = \frac{np-r-q}{(r+1)q} N(z)$$

となります．

S よくできました．ここで変数変換 (6.1) より $r = np + z\sqrt{npq}$ を代入し，両辺に $\sqrt{npq}$ をかけると，

$$\frac{N(z+1/\sqrt{npq}) - N(z)}{1/\sqrt{npq}} = -\frac{z + \sqrt{q/np}}{1 + z\sqrt{q/np} + 1/np} N(z)$$

と変形できます．

S なるほど．ここで $n \to \infty$ とすれば，標準正規分布の微分方程式

$$\frac{dN(z)}{dz} = -zN(z)$$

を得ますね．

A 変数を二項分布の r に戻すと，

$$P(r) = P(z)\frac{dz}{dr} = P(z)\frac{1}{\sqrt{npq}}$$

に注意して，

$$P(r) = \frac{1}{\sqrt{2\pi npq}} \exp\left[-\frac{(r-np)^2}{2npq}\right]$$

が求まります．

S　正規分布は通常，

$$P(x) = \frac{1}{\sqrt{2\pi\sigma^2}} \exp\left[-\frac{(x-\mu)^2}{2\sigma^2}\right]$$

または

$$P(x) = \frac{1}{\sqrt{2\pi}\sigma} \exp\left[-\frac{1}{2}\left(\frac{x-\mu}{\sigma}\right)^2\right]$$

と書きますね．分散を使うよりも標準偏差を用いる方がスッキリしますけど．

A　分散を使い始めたのはフィッシャーだそうです．したがって統計学の教科書では分散を用いるものが主流です．

S　フィッシャーは分散分析の創始者ですからね．

A　ちなみに標準偏差を使い始めたのはカール・ピアソンです．二項分布は $p \neq q$ のとき左右不対称なので，正規分布近似は $n=30$ くらいではあまり精度が良くありませんから注意してください（一松，1981）．なお，工藤・上村（1983）に初等的な別証明が解説されています。

6・5　ガンマ関数とベータ関数

S　カイ二乗分布やF分布ではどうしてガンマ関数やベータ関数が出てくるのでしょうか？

A　それはよい質問です．逆にガンマ関数とベータ関数をマスターすれば，カイ二乗分布やF分布が簡単に理解できます．数学的に重要なのはガンマ関数の方ですから，とりあえず次の2式を憶えてください．

$$\Gamma(x) = (x-1)\Gamma(x-1), \quad \Gamma\left(\frac{1}{2}\right) = \sqrt{\pi}$$

S　最初の式は整数の場合に $\Gamma(n) = (n-1)!$ となるから，階乗の一般化ですね．

A　ええ．二番目の式は半整数の場合に用います．統計学ではこの2式で十分です．

S　ベータ関数の方はどうですか？

A　ベータ関数については，

$$B(p,q) = \frac{\Gamma(p)\Gamma(q)}{\Gamma(p+q)}$$

が最重要です．

S　ははあ，これは組合せ数

$$\binom{p+q}{p} = \binom{p+q}{q} = \frac{(p+q)!}{p!q!}$$

の一般化ですね．なるほど，この公式があるので数学的にはガンマ関数の方が重要なんですね．

A その通りです．ですからガンマ関数についてだけの教科書もあるくらいです（アルティン，2002）．ガンマ関数の標準型を

$$\Gamma(s) = \int_0^\infty t^{s-1} e^{-t} dt = (s-1)!$$

と定義します．

S どうして s ではなくて，$s-1$ なんですか？

A それはガンマ関数のグラフを描けば明らかです．ガンマ関数は $s > 0$ でU字型のきれいなグラフになります．オイラーは最初，無限積で階乗を一般化しましたが，円周率 π が現れたので「何か丸い曲線の面積と関係している」と考え，1730年代の初頭に積分

$$S(n) = \int_0^1 (-\ln x)^n dx$$

を見つけました（ダンハム，2005）．これを求めてみてください．

S えーと，対数関数の積分と同じように $1 \times (-\ln x)^n$ として部分積分を用いると，

$$S(n) = \left[x(-\ln x)^n \right]_0^1 + \int_0^1 x \frac{n}{x} (-\ln x)^{n-1} dx$$

を得ます．右辺第1項は $x=1$ では0ですが，$x \to 0$ のとき $\ln x \to -\infty$ となるから不定型です．

A それでは

$$x(-\ln x)^n = \frac{(-\ln x)^n}{\frac{1}{x}}$$

と変形してロピタルの定理を使ってみてください．

S ああ，そうでした．分子と分母をそれぞれ x で微分すればOKですね．

$$\lim_{x \to 0} \frac{\frac{n}{x}(-\ln x)^{n-1}}{\frac{1}{x^2}} = n \lim_{x \to 0} x(-\ln x)^{n-1} = \cdots = n! \times \lim_{x \to 0} x = 0$$

となるから第1項は0です．したがって $S(n) = nS(n-1)$ を得ます．ここで $S(0)=1$ だから，結局，$S(n) = n!$ です．ロピタルの定理はロピタルの家庭教師をしていたヨハン・ベルヌイが発見したんですよね．

A ロピタルはヨハンに微積分を教わって，世界最初の微積分の教科書を書いた人です．ヨハンは大数学者ですから，この定理はロピタルにプレゼントしてもよさそうな気がします．この定理はニュートンも知っていたそうですから．では最初の積分式で $t = -\ln x$ と置換してみてください．

S　えーと，$e^{-t}=x$ だから $-e^{-t}dt=dx$ です．代入すると，

$$S(n)=\int_0^\infty t^n e^{-t}dt$$

を得ます．標準型とほとんど同じ形ですね．

A　これを部分積分するとどうなりますか．

S　えーと，

$$S(n)=\left[-t^n e^{-t}\right]_0^\infty + nS(n-1)$$

となります．右辺第1項は $t=0$ では0ですが，$t\to\infty$ のときは

$$t^n e^{-t}=\frac{t^n}{e^t}=\frac{t^n}{1+t+\dfrac{t^2}{2}+\dfrac{t^3}{3!}+\cdots}$$

と変形できるので0に収束します．なるほど，指数関数の方がベキ関数よりも強力ですね．

A　次に二番目の式の値ですが，ガンマ関数の標準型で $t=x^2$ とおいてみてください．

S　えーと，$dt=2xdx$ となるから，

$$\Gamma(n)=\int_0^\infty x^{2n-2}e^{-x^2}2xdx=2\int_0^\infty x^{2n-1}e^{-x^2}dx$$

となります．なるほど，確かにガウス積分

$$\Gamma\left(\frac{1}{2}\right)=2\int_0^\infty e^{-x^2}dx=\int_{-\infty}^\infty e^{-x^2}dx=\sqrt{\pi}$$

となりますね．

A　統計学ではベータ関数も重要です．ベータ関数の標準型は

$$B(p,q)=\int_0^1 x^{p-1}(1-x)^{q-1}dx$$

ですが，ここで $x=\sin^2\theta$ とおいてみてください．

S　えーと，$dx=2\sin\theta\cos\theta\,d\theta$ となるから，

$$B(p,q)=2\int_0^{\pi/2}\sin^{2p-1}\theta\cos^{2q-1}\theta\,d\theta$$

を得ます．

A　この式も重要で，これからウォリス積分

$$w(n)=\int_0^{\pi/2}\cos^n\theta\,d\theta$$

の値がすぐに出てきます．

S　なるほど．しかしどこでこんな公式を用いるんですか？

A　カイ二乗分布で用います．次にその話をしましょう．

6・6 球の表面積とカイ二乗分布

A 自由度 n のカイ二乗分布の定義は X を標準正規分布に従う確率変数とすると，

$$S = X_1^2 + X_2^2 + \cdots + X_n^2$$

です．このままでは分かりにくいと思いますが，

$$s = r^2 = x_1^2 + x_2^2 + \cdots + x_n^2$$

と書くと？

S ああ，これは半径 r の球面の方程式です．ということは球の表面積を用いれば，カイ二乗分布が簡単に導けるわけですね．

A ええ．ですから n 次元の球の体積が必要です．手始めに 2 次元の円 $x^2+y^2 \leq r^2$ の面積 $V(2)$ を積分で求めてみてください．

S 簡単です．

$$V(2) = 2\int_0^r 2y\,dx = 4\int_0^r \sqrt{r^2 - x^2}\,dx$$

なので，$x = r\sin\theta$ とおくと，$dx = r\cos\theta\,d\theta$ だから，

$$V(2) = 4r^2 \int_0^{\pi/2} \cos^2\theta\,d\theta = 4r^2 \frac{1}{2}\frac{\pi}{2} = \pi r^2$$

となります．ここでウォリス積分の公式を用いました．

A ウォリス積分の公式は高校で習っているはずですが，先ほどのベータ関数の公式から，

$$2w(k) = B\left(\frac{1}{2}, \frac{k+1}{2}\right) = \sqrt{\pi}\,\frac{\Gamma\left(\dfrac{k+1}{2}\right)}{\Gamma\left(\dfrac{k+2}{2}\right)}$$

となります．

S 同様の方法で球の体積を求めると，

$$V(3) = 2\int_0^r \pi y^2\,dx = 2\pi \int_0^r (r^2 - x^2)\,dx = 2\pi\left[r^2 x - \frac{x^3}{3}\right]_0^r = \frac{4}{3}\pi r^3$$

となります．

A 先ほどと同じ変換をするとどうなりますか？

S 簡単です．

$$V(3) = 2\pi r^3 \int_0^{\pi/2} \cos^3\theta\,d\theta = \frac{4}{3}\pi r^3$$

となって同じ解を得ます．

A １次元で同様の計算をすると,

$$V(1) = 2\int_0^r (r^2-x^2)^0 \mathrm{d}x = 2\int_0^r \mathrm{d}x = 2r$$

となります．これは直径の長さですね．では４次元ではどうなりますか？

S えーと，同様の計算を繰り返してみると，

$$V(4) = 2\int_0^r \frac{4}{3}\pi y^3 \mathrm{d}x = \frac{8\pi}{3}\int_0^r (r^2-x^2)^{3/2} \mathrm{d}x = \frac{8\pi r^4}{3}\int_0^{\pi/2} \cos^4\theta \, \mathrm{d}\theta = \frac{1}{2}\pi^2 r^4$$

となって，π^2 が出てきました．初めて知りました．

A 以上より，漸化式を求めてみてください．

S えーと，

$$V(n) = 2r\, w(n) V(n-1)$$

を得ます．これより

$$V(n) = 2^n r^n\, w(n)w(n-1)\cdots w(1) V(0)$$

となりますが，$V(1)=2rw(1)V(0)=2r$ だから $V(0)=1$ です．以上より，

$$V(n) = \left(\sqrt{\pi}\right)^n \frac{\Gamma\!\left(\frac{n+1}{2}\right)}{\Gamma\!\left(\frac{n+2}{2}\right)} \frac{\Gamma\!\left(\frac{n}{2}\right)}{\Gamma\!\left(\frac{n+1}{2}\right)} \cdots \frac{\Gamma(1)}{\Gamma\!\left(\frac{3}{2}\right)} r^n = \frac{\left(\sqrt{\pi}\right)^n}{\Gamma\!\left(\frac{n}{2}+1\right)} r^n = \frac{2\left(\sqrt{\pi}\right)^n}{n\Gamma\!\left(\frac{n}{2}\right)} r^n$$

となるから，これが求めていた n 次元の球の体積です．

A $n=2m$ と $2m+1$ に分けるとどうなりますか．

S うーん，

$$V(2m) = \frac{\pi^m}{m!} r^{2m}, \quad V(2m+1) = \frac{\pi^m 2^{m+1}}{(2m+1)!!} r^{2m+1}$$

となります．ここで

$$(2m+1)!! = (2m+1)(2m-1)(2m-3)\cdots 1$$

です．$2m$ および $2m+1$ 次元で π^m が付くんですね．どうして π の指数が半分になるのでしょうか？

A それは球の方程式が２次式だからだそうです（一松, 1990）．これから n 次元の球の表面積はどうなりますか．

S 体積 V を半径 r で微分すれば OK ですから，

$$\frac{\mathrm{d}V(n)}{\mathrm{d}r} = \frac{2(\sqrt{\pi})^n}{\Gamma\left(\frac{n}{2}\right)} r^{n-1}$$

が表面積です.

A よくできました. それではこれを使ってカイ二乗分布を求めてみましょう. 確率変数の変換式を

$$P(s)\mathrm{d}s = P(x_1, x_2, \cdots, x_n)\mathrm{d}V$$

と表わしてみます. 標準正規分布の確率密度は

$$P(x) = \frac{1}{\sqrt{2\pi}} \mathrm{e}^{-x^2/2}$$

なので,

$$P(x_1, x_2, \cdots, x_n) = P(x_1)P(x_2)\cdots P(x_n) = \frac{1}{(\sqrt{2\pi})^n} \mathrm{e}^{-s/2}$$

となります. 一方, $s = r^2$ より, $\mathrm{d}s = 2r\mathrm{d}r$ なので,

$$\frac{\mathrm{d}V}{\mathrm{d}s} = \frac{\mathrm{d}V}{\mathrm{d}r}\frac{\mathrm{d}r}{\mathrm{d}s} = \frac{2(\sqrt{\pi})^n}{\Gamma\left(\frac{n}{2}\right)} r^{n-1} \frac{1}{2r}$$

となります.

S なるほど. 以上から,

$$P(s) = P\frac{\mathrm{d}V}{\mathrm{d}s} = \frac{\mathrm{e}^{-s/2}}{(\sqrt{2\pi})^n} \frac{(\sqrt{\pi})^n}{\Gamma\left(\frac{n}{2}\right)} r^{n-2} = \frac{1}{2^{n/2}\Gamma\left(\frac{n}{2}\right)} s^{n/2-1} \mathrm{e}^{-s/2}$$

となりますが, これがカイ二乗分布の確率密度関数です.

6・7 ガンマ分布とベータ分布

A 次にF分布の導出について考えましょう. ここではガンマ分布とベータ分布に関する有名な定理を用います. ガンマ関数の標準型は?

S えーと,

$$\Gamma(s) = \int_0^\infty t^{s-1} \mathrm{e}^{-t} \mathrm{d}t$$

です．
A ここで $t = \alpha x$ と置換すると？
S うーん，
$$\Gamma(s) = \alpha^s \int_0^\infty x^{s-1} e^{-\alpha x} dx$$
となります．
A これよりガンマ分布を
$$\mathrm{Ga}(x; \alpha, \beta) = \frac{\alpha^\beta}{\Gamma(\beta)} x^{\beta-1} e^{-\alpha x}$$
と定義します．
S なるほど．これを用いるとカイ二乗分布は
$$\chi_n^2(x) = \mathrm{Ga}\left(x; \frac{1}{2}, \frac{n}{2}\right)$$
と表せますね．
A またベータ分布を
$$\mathrm{Be}(x; p, q) = \frac{1}{\mathrm{B}(p, q)} x^{p-1} (1-x)^{q-1}$$
と定義します．
S 分母はベータ関数ですね．
A このとき次の有名な定理が成立します．
　〔定理〕X と Y が独立で，それぞれ $\mathrm{Ga}(x; \alpha, p)$ と $\mathrm{Ga}(y; \alpha, q)$ に従うとき，
　　(a) $X + Y$ は $\mathrm{Ga}(s; \alpha, p + q)$ に従う．
　　(b) $\dfrac{X}{X + Y}$ は $\mathrm{Be}(t; p, q)$ に従う．
証明は変数変換を上手に行えば簡単です．
S うーん．そうか，
$$s = x + y, \quad t = \frac{x}{x + y}$$
と変数変換すればいいわけですね．
A その通りです．同様にして最初に示したガンマ関数とベータ関数の関係式

$$\Gamma(p)\Gamma(q) = \Gamma(p+q)\mathrm{B}(p,q)$$

も証明できます.

S なるほど. この定理を用いればF分布が導けるのですね.

A ええ.

$$T = \frac{Y}{X+Y} = \frac{1}{\frac{X}{Y}+1} = \frac{1}{\frac{m}{n}U+1}$$

とおくと,

$$U = \frac{X/m}{Y/n} = \frac{n}{m}\frac{X}{Y} = \frac{n}{m}\left(\frac{1}{T}-1\right)$$

となりますから, 変数変換によってF分布の確率密度関数が求まります（赤嶺, 2014）.

S F分布はカイ二乗分布の比だから, ガンマ分布の比でOKなんですね. 了解しました. ところでガンマ分布はどこに登場するのでしょうか？

A じつは負の二項分布の連続モデルになります（森, 1980）. 負の二項分布を

$$f(k) = \binom{n-1}{r-1} p^r (1-p)^{n-r} = \frac{(k+r-1)^{(r-1)}}{(r-1)!} p^r (1-p)^k$$

と定義しましょう.

S これは r 回成功するまでの失敗数 k の確率分布ですね.

A ここで

$$f(k) = g(x)\mathrm{d}x$$

とおいて連続モデルに変換します. 具体的には $k=mx$, $p=\alpha/m$ として $m \to \infty$ とすればOKです.

S うーん. 左辺は離散モデルの確率, 右辺は連続モデルの確率ですね. このとき x は通常の確率変数だから, $k \to \infty$ となりますけど………？

A ここで x は「時間」なので, 細かく分割していくと失敗数 k はどんどん大きくなり, 成功率 p はどんどん小さくなります. イメージ的には $m = 10000$ くらいにすれば十分でしょう.

S ははあ, 二項分布をポアソン分布近似する場合と同じですね.

A これより $m \to \infty$ のとき,

$$(1-p)^k = \left(1-\frac{\alpha}{m}\right)^{mx} \to \mathrm{e}^{-\alpha x}$$

となります.

S 成功率 p は率ですが, α は係数ですね.

A 一方，$\dfrac{k}{m} = x$ だから，$\dfrac{k+1}{m} = x + \dfrac{1}{m}$ です．故に $\mathrm{d}x = \dfrac{1}{m}$ とすれば OK です．

S なるほど．二項分布の正規分布近似のとき，$f(r) = g(z)\mathrm{d}z$, $\mathrm{d}z = 1/\sqrt{npq}$ としたことと同じですね．

A このとき

$$(k+r-1)^{(r-1)} p^r = (k+r-1)(k+r-2)\cdots(k+1)\left(\dfrac{\alpha}{m}\right)^r$$

$$= \dfrac{k+r-1}{m}\dfrac{k+r-2}{m}\cdots\dfrac{k+1}{m}\dfrac{\alpha^r}{m} \to x^{r-1}\dfrac{\alpha^r}{m}$$

となりますから，以上をまとめると，

$$g(x) = \dfrac{\alpha^r}{(r-1)!} x^{r-1} \mathrm{e}^{-\alpha x}$$

を得ます．これはガンマ分布 Ga(x; α, r) です．

S 了解しました．$r = 1$ のときには，

$$\text{幾何分布}：f(k) = p(1-p)^k$$
$$\text{指数分布}：g(x) = \alpha e^{-\alpha x}$$

となりますね．この関係は知ってました．

A これは「等比数列の連続的極限は指数関数」ということです．幾何分布の差分方程式

$$f(k+1) - f(k) = -pf(k), \quad \sum_{k=0}^{\infty} f(k) = 1$$

の極限として，指数分布の微分方程式

$$\dfrac{\mathrm{d}g(x)}{\mathrm{d}x} = -\alpha g(x), \quad \int_0^{\infty} g(x)\mathrm{d}x = 1$$

が得られます．

S なるほど．

A ガンマ分布を

$$g(x; r) = \dfrac{\alpha^r}{(r-1)!} x^{r-1} \mathrm{e}^{-\alpha x}$$

とおくと，部分積分より

$$\int_0^t g(x; r)\mathrm{d}x = \dfrac{\alpha^r}{r!}\left[x^r \mathrm{e}^{-\alpha x}\right]_0^t + \dfrac{\alpha^{r+1}}{r!}\int_0^t x^r \mathrm{e}^{-\alpha x}\mathrm{d}x$$

$$= \frac{(\alpha t)^r}{r!}e^{-\alpha t} + \int_0^t g(x;r+1)\mathrm{d}x$$

を得ます．

S おや，$\lambda = \alpha t$ のポアソン分布が出てきました．そういえばポアソン分布の事後分布はガンマ分布でしたね（赤嶺，2010）．

6・8 確率論とルベーグ積分

S 確率をやるなら「測度」を勉強しないと駄目だ，という話を耳にしたのですけど．

A ああ，それは純粋数学の話であって，我々の分野では不要です．

S でも，ちょっと気になります．簡単に説明していただけませんか？

A 測度は長さや面積を一般化した概念で，通常のリーマン積分ではジョルダン測度を，より一般的なルベーグ積分ではルベーグ測度を用います．これら以外にもボレル測度，ウィーナー測度，ファインマン測度などさまざまな測度があります．

S ルベーグ積分ですか．じつは伊藤清先生の「確率論の基礎」を購入したのですが，初版の序に「"確率とは，ルベーグ測度である．"この言葉ほど確率の数学的本質を突いたものはない」と書かれていて，ずっと気になっていました．

A この本の初版は 1944 年に書かれたようですね．安藤（2012）によると当時の学生達には難解な本として有名だったみたいです．ルベーグ積分の知識がないと理解するのは困難でしょう．

S 私の知識ですと，縦に短冊に切って計算するのがリーマン積分，横に短冊に切って計算するのがルベーグ積分だと理解しているのですけど．

A それは技術上の問題に過ぎなくて，縦に切ってもルベーグ積分は定義できるそうで，最も便利な技法が横に切る方法だそうです（一松，1979）．

S やはり測度を理解しないと駄目なんですね．

A ただしお金を勘定する場合，入金順に合計していくのがリーマン積分，最後に 1 万円札や 1 円玉ごとに集計するのがルベーグ積分というたとえもあるので，イメージとしては悪くないです（森，1983）．最初にリーマン積分から復習してみましょうか．我々が日常的に使っている積分はすべてリーマン積分ですから．

S まず区分求積法について解説してみます．これは区間 $[a, b]$ を，

$$a = x_0 < x_1 < \cdots < x_n = b$$

のように分割し，

$$S_n = \sum_{i=0}^{n-1} f(c_i)(x_{i+1} - x_i)$$

として面積の近似値を求める方法です（$x_i \leq c_i \leq x_{i+1}$）．右辺の総和を「リーマン和」と呼びます．

A 高校数学では等間隔に分割しますが，一般的な議論では不等間隔の方が扱いやすいですね．ただし数値計算では等間隔の方が簡単で，きざみ幅を小さくしていくことによって加速するロン

バーグ積分のような手法もあります．

S　ここで

$$\Delta x_i = x_{i+1} - x_i$$

として，$n \to \infty$ とすると，

$$S = \int_a^b f(x) \mathrm{d}x \approx \lim_{n \to \infty} \sum_{i=0}^{n-1} f(c_i) \Delta x_i$$

となります．

A　これより積分記号に $\mathrm{d}x$ が付くことが自然に理解できますね．またジョルダン測度が $f(x)\mathrm{d}x$ であることも直観的に理解できます．つまり $f(x)$ が高さ，$\mathrm{d}x$ が微小な幅なので，$f(x)\mathrm{d}x$ が微小な面積となっています．積分は微小量の総和を意味しています．

S　リーマン積分では各区間において

$$m_i \leq f(c_i) \leq M_i$$

を考え，これを用いて

$$m(n) \leq S_n \leq M(n)$$

のように「挟みうちの原理」で収束を証明します．これはギリシャ数学以来の伝統です．

A　よくできました．応用数学で用いる関数はほとんどリーマン積分可能ですが，19世紀中頃からリーマン積分不能な関数がいろいろ提示されるようになってきました．代表的なものにディリクレ関数

$$f(x) = \begin{cases} 1 & (x \in A) \\ 0 & (x \notin A) \end{cases}$$

があります（ハイラー・ワナー，1997）．ここで A は有理数の集合です．

S　ははあ，x が有理数のときは $f(x) = 1$，x が無理数のときは $f(x) = 0$ ですか．なんとも奇妙な関数ですね．こんな関数を使う場面があるのでしょうか？

A　じつはディリクレ関数はフーリエ級数の研究から生まれたもので，

$$f(x) = \lim_{n \to \infty} \lim_{m \to \infty} (\cos(n! \pi x))^m$$

という三角関数を用いた表示も知られています．

S　なるほど．x が有理数のときだけ大きな n の階乗をかけると偶数になるんですね．確かに $n \to \infty$ という極限ではこんな奇妙な関数が出現しますね．

A　このディリクレ関数について積分

$$S = \int_0^1 f(x) \mathrm{d}x$$

を考えると，リーマン積分は不可能です．

S　分割された各区間において常に最小値は0，最大値は1となるから，収束しないんですね．局所的に激しく振動する関数はリーマン積分不能ということですか．

A　ところがSは背理法で簡単に求めることができます．まず$S=\varepsilon>0$と仮定します．そこでA'として無理数$x=r+\sqrt{2}$という集合を考えます（rは有理数）．この集合は有理数と同じ個数なので，この集合についても$S=\varepsilon$となります．

S　なるほど．確かにそうなります．

A　同様にA''として$x=r+\sqrt{3}$という集合を考えると，これも$S=\varepsilon$となります．素数pについて$x=r+\sqrt{p}$という集合を考えれば，素数は無限に存在するから，これらを合計すると無限大となってしまい，

$$\int_0^1 1\,dx = 1$$

に矛盾します．したがって$S=0$です．以上のことから数直線上において，無理数は有理数よりも圧倒的に多く存在することも分かります．

S　なるほど．有理数も無理数も無限に存在するのに，無限のレベルが違うのですね．

A　ルベーグ積分を用いるとディリクレ関数の積分も簡単にできます．有理数のルベーグ測度は0なので，区間[0, 1]における無理数のルベーグ測度は1となります．したがって上記の積分は

$$S = 1 \times 0 + 0 \times 1 = 0$$

として簡単に求まります．

S　やはり測度の概念が本質的なんですね．

A　なおイタリアのヴォルテラは21歳だった1881年に，微分可能で導関数が有界なのにリーマン積分できない関数を提示して，当時の数学界に衝撃を与えました（ダンハム，2005；一松，2009）．この関数もルベーグ積分なら積分可能です．

S　生態学におけるロトカ・ヴォルテラ方程式で有名なヴォルテラですね．そんなに有名な数学者だったとは存じませんでした．

A　蛇足ですが，コルモゴロフもロトカ・ヴォルテラ方程式を研究しています（佐藤，1981a,b；寺本，1997）．次に有名な「カントル集合」について解説しましょう．ルベーグ積分が成功したのはこのような「零集合」を無視したからです（一松，1963，1979）．

S　集合論で有名なカントルですね．

A　まず閉区間[0, 1]を3等分して，中央の開区間（1/3, 2/3）を取り去り，同様に残りの左右両端の区間を3等分して，中央の開区間（1/9, 2/9），（7/9, 8/9）を取り去ります．同様の操作を限りなく継続するとき，残留する点の集合Sがカントル集合です．取り去られた開区間の全体の測度は，

$$\frac{1}{3} + \frac{2}{9} + \cdots + \frac{2^{n-1}}{3^n} + \cdots = 1$$

となりますから，Sの測度は0です．またSの点の座標は3進法で1という数字を用いないで書

きうる数です．

S ははあ．1/3 = 0.0222……，7/9 = 0.2022……などですね．

A それらを2で割れば，数字は0と1となります．それを2進数で読めば，Sの元の個数は区間 $[0, 1]$ の実数全体と同じであることがわかります．

S うーん．何とも信じがたい話ですね．測度が0なのに，実数全体と同じ個数なんですか？ちょっとイメージできません．

A カントル集合の図はハイラー・ワナー（1997）にあります．この本にはカントル集合を2次元に一般化したシェルピンスキーの三角形（ガスケット）と絨毯の図も載っています．さらにカントル集合を用いた「悪魔の階段」という関数も紹介されていて，この関数は連続でほとんどいたるところ $f'(x) = 0$ なのに，

$$0 = f(0) \neq f(1) = 1$$

となっています．

S この図も直観的に理解することは難しいです．シェルピンスキーはポーランド時代のネイマンの先生ですね（リード，1982）．

A カントル集合は1883年に発表されましたが，ヴォルテラあたりはそれ以前に知っていたそうです（一松，2009；神永，2014）．なおシェルピンスキーの三角形はパスカルの三角形からも得られ，フラクタル図形として有名です（吉田，2010）．またカントル集合と似て非なるものにハルナック集合があります（竹之内，1991）．

S ところでスティリチェス積分という名前も耳にしたことがあるのですけど．

A ああ，統計学の教科書に出てくることがありますね．積分は微小量の総和なので，$\Delta x_i = x_{i+1} - x_i$ を関数に拡張して，

$$\Delta F_i = F(x_{i+1}) - F(x_i)$$

とすることができます．これがスティリチェス積分で，

$$S = \int_a^b f(x) \mathrm{d}F \approx \lim_{n \to \infty} \sum_{i=0}^{n-1} f(c_i) \Delta F_i$$

と表されます．もともとリーマン積分の拡張なのでリーマン・スティリチェス積分と呼ばれていましたが，ルベーグ積分にも拡張されたので現在ではルベーグ・スティリチェス積分と呼ばれています．

S 線積分や面積分という名前も聞いたことがあります．

A 線積分は曲線上の積分で，スティリチェス積分の典型です．同様に面積分は曲面上の積分です．微積分を多変数関数で扱うのが「ベクトル解析」ですが，多次元では境界が曲線や曲面になるため，ストークス（ガウス，グリーン）の定理

$$\int_A d\omega = \int_{\partial A} \omega$$

が成立します（森，2006）．ここで ∂A は領域 A の境界を表しています．また複素平面は数直線を拡張したものですが，コーシーの積分定理が成立します．これも同じ仲間です（一松，2009，2011）．

S　どれも難しそうですね．

A　ルベーグ積分と比較すれば，それほど難しくないと思います．ルベーグ積分の入門書として最初に志賀（1990）を読まれることをお薦めします．ルベーグ積分が難解なのはその「非構成的な性格」によるそうです．

S　ははあ？

A　数学者であればルベーグ積分を使いこなす必要があると思いますが，我々は初歩的な知識だけで十分でしょう．笠原（1991）にルベーグ積分が嫌いな応用数学者の言葉として，You have to say 'almost everywhere' almost everywhere!（ああ，あれは，ほとんどいたるところで「ほとんどいたるところ」と言わなくちゃならんだろ）が紹介されています．

S　それを聞いて安心しました．

A　森（2012）によると従来の確率論は現代数学から「落ちこぼれていた」のですが，コルモゴロフが1933年に「確率にルベーグ積分の視点を持ち込む」ことによって現代数学の仲間入りをしたそうです．

S　現代数学は数学を専門に勉強しないと理解できないですね．

A　手頃な入門書に赤（2014）があります．なお統計学において確率分布のHDR（Highest Density Region）を求める場合は，「確率密度の高い部分から積分していく」ので，横に短冊に切って積分する必要があります．

S　お金をまとめて勘定する場合と同じですね．

A　蛇足ですが，昔は確率をプロバビリテー，公算，蓋然性などと訳していたそうです（中塚，2010；安藤，2012）．

S　公算や蓋然性は今でもときどき耳にしますね．

6・9　ランダム・ウォークとブラウン運動

A　最後に確率過程について説明してみます．

S　たいていの確率論の本の最後に書いてある項目ですね．

A　じつは伊藤先生は確率過程の世界的な大家です．金融工学で伊藤先生の公式を応用したブラック・ショールズ方程式がノーベル経済学賞の受賞対象となったおかげで，伊藤先生はウォール街で最も有名な日本人数学者と呼ばれています．

S　最近の経済学は高等数学が必要なんですね．

A　そんなことはなくて，就職難のため多くの数学者が金融工学に流れ込んだせいです．

S　具体的にはどのような数学モデルなんでしょうか？

A　伊藤先生の本を読むのであれば，伊藤（2010）を最初に読むべきです．これはエッセイ集です

から初学者でも容易に読むことができます．

S　確かにこの本以外は難しすぎますね．

A　この本の最後に付録として「確率微分方程式　生い立ちと展開」という論文が再録されています．これを見れば概略が把握できると思います．

S　これは何の役に立つのでしょうか？

A　この論文では最後に煤煙や塵の落下運動を解析しています．1ミクロン程度の世界の運動方程式の話です．

S　統計力学では有益な数学モデルなんですね．

A　基本となるモデルはブラウン運動です．

S　花粉を構成する微粒子が水の分子の衝突によってジグザグに動く運動ですね．そんなに重要ですか？

A　じつは1905年にアインシュタインが3つの重要な論文を書いています．相対性理論と光量子仮説，それとこのブラウン運動の論文です（平田，1975；江沢，2013）．当時はこの論文が最も有名だったそうです（森，2012）．

S　それは凄い話ですね．相対性理論や量子力学の論文よりも有名だったとは！

A　ところが当時は数学の方が十分に発達していなかったので，あいまいな部分が残ってしまいました．ブラウン運動が数学的にきちんと定式化できたのはウィーナー以降，つまり1920年代以降です．

S　なるほど．

A　水の分子運動に関係しているので，熱方程式（拡散方程式）とも関係が深く，最近では量子力学にも応用されています（長澤，2003）．量子力学では複数のモデルが提唱されていて，確率微分方程式もその中の1つです（谷村，2012）．

S　理論物理学においても重要なモデルなんですね．

A　じつはアインシュタインよりも少し早く，シュバリエという人が株価の変動にブラウン運動を当てはめています．現在の金融工学の走りです．

S　それで具体的な数学モデルはどんな感じでしょうか？

A　1次元のランダム・ウォークのきざみ幅を小さくしていった極限がブラウン運動となります．1次元のランダム・ウォークは二項分布そのものですが，二項分布は極限では正規分布に収束します．

S　ということは正規分布に従う乱数，つまり正規乱数をどんどん加えていったもの，全体としては1つの正規分布で表せそうですね．そんなに難しくなさそうですけど．

A　入門書もたくさん出ていますし（矢島，1992；石村ら，1999；蓑谷，2000など），数学ソフトを用いれば簡単にシミュレーションできます（小林，2000）．しかし数学的には難しい問題がたくさんあります．そうでなければアインシュタインがとっくに解決していたはずです．

S　それはその通りですね．

A　ブラウン運動（標準ウィーナー過程）においても結局のところ収束の問題が出てきます．つまり

$$\sum_{i=0}^{n-1} f(x_{t_i})(B_{t_{i+1}} - B_{t_i})$$

においてきざみ幅を0にもっていくと，ある確率0の集合を除外した集合に対してしか意味のある極限に収束しないのです（西山，2011）．

S　ははあ？　まったく理解できません．

A　上式は確率積分と呼ばれるもので，通常の微積分の範囲外です．確率は現代数学では関数解析の分野で扱われ，確率論と積分論（測度論）の用語は事象〜可測集合，確率変数〜可測関数，a.s. (almost surely) 〜 a.e. (almost everywhere)，平均（期待値）〜積分のように対応しています（熊谷，2003）．

S　うーん．小平先生ではありませんが，「これは確率かねえ」という感じです．

A　高校で習うのは点収束，大学の初年で習うのは一様収束ですが，関数解析では以下の4つの収束を扱います（蓑谷，2003；森，2012）．

(1) 概収束

この代表例は大数の強法則で，これは1909年にボレルによって最初に証明されました．

(2) 平均収束

積分を用いた距離（ノルム）を与え，その距離についての収束です．

(3) 確率収束

この代表例は大数の弱法則です．確率収束では若干の例外（範囲から「はみだす」もの）があってもよいのですが，(1) の概収束ではそのような例外は存在しません．大数の弱法則はヤコブ・ベルヌイによって証明されました．ただし発表は死後の1713年です．

(4) 法則収束（分布収束）

この代表例は中心極限定理です．

S　収束の強弱はどうなんでしょうか？

A　法則収束が最も弱く，次に弱いのが確率収束です．このような弱い収束が確率論では重要です．

S　どうもこのあたりが理解の限界みたいです．

A　そうですね．我々のような生物系・社会科学系の人間は「絶対収束」さえ十分に理解していないように思います．

S　必ず収束するという意味じゃないんですか？

A　無限級数

$$a_0 + a_1 + a_2 + a_3 + \cdots$$

において，各項の絶対値の和

$$|a_0| + |a_1| + |a_2| + |a_3| + \cdots$$

が収束するとき，絶対収束すると言います．この場合，加える順序を変更しても同じ値に収束します．

S　すべて正の値ならば単調増加ですから，何となく納得できます．

A　一方，無限級数

$$1 - \frac{1}{2} + \frac{1}{3} - \frac{1}{4} + \frac{1}{5} - \frac{1}{6} + \cdots$$

は $\ln 2$ に収束します．

S　ああ，これは対数関数のテイラー展開

$$\ln(1+x) = x - \frac{x^2}{2} + \frac{x^3}{3} - \frac{x^4}{4} + \frac{x^5}{5} - \frac{x^6}{6} + \cdots$$

において $x=1$ を代入したものでしたね．

A　じつはこの級数で加える順序を変更すると，どんな値にも収束させることができます．

S　それはちょっと信じられないですね．

A　リーマンによるエレガントな証明がハイラー・ワナー（1997）に載っています．

S　上の級数では各項の絶対値を加えると，

$$1 + \frac{1}{2} + \frac{1}{3} + \frac{1}{4} + \frac{1}{5} + \frac{1}{6} + \cdots = \infty$$

となるから，この級数は絶対収束しません．絶対収束しない級数は要注意ですね．

A　たとえば関係式

$$\left(\sum_{i=0}^{\infty} a_i \right) \cdot \left(\sum_{j=0}^{\infty} b_j \right) = \sum_{n=0}^{\infty} \left(\sum_{j=0}^{n} a_{n-j} \cdot b_j \right)$$

において，左辺の2つの級数が絶対収束するとき，右辺の「コーシー積」も収束します（ハイラー・ワナー，1997）．

S　うーん．有限なら自明な等式ですけど．

A　1820年にコーシーが学士院の例会で級数の収束性について発表したとき，老ラプラスは青くなってあわてて帰宅し，天体力学で扱ったすべての級数をチェックしたそうです（一松，2009）．

S　確率論と天体力学の大家であったラプラスにしても，そんな状況だったんですか．収束の問題は難しいですね．

A　ブラウン運動では絶対値の総和を求めることによって，有界変動でないことが示せます．しかし2乗すると収束することが示せます．

S　ははあ？

A　ブラウン運動はランダム・ウォークの極限です．二項分布と正規分布の関係において $\sigma^2 = np(1-p)$ という関係がありました．このとき p を定数として，n を時間 t と解釈すれば，分散は t に比例します．そこでブラウン運動では

$$(\mathrm{d}B)^2 = \mathrm{d}t$$

という関係を仮定します.

S　うーん. 左辺はブラウン運動の微小な分散で, 右辺は微小な時間変位ですか?

A　ブラウン運動の分散を t と仮定すると, 標準偏差は $\sqrt{t}$ となります. たとえば $t=0.0001$ のとき $\sqrt{t}=0.01$ ですから, 標準偏差は微小な時間 t と比較してかなり大きな値です. このことからブラウン運動は有界変動でないことが示せます. 詳しくは森（2012）などを参照してください.

S　かなり難しそうですね.

A　高校では収束を点の動き, つまり運動として理解していますが, 大学で習うイプシロン・デルタ（ε-δ）論法は運動を状態に置き換えます. 考え方にギャップが生じるので躓く学生が多くいます. 最初は伏見（2004）などでポアソン過程やマルコフ連鎖を勉強すべきでしょう.

S　なるほど, 了解しました. ところで「ファインマンの経路積分」という名前も耳にしますけど.

A　ああ, あれは量子力学におけるシュレーディンガー方程式についてのもので, 数学的にまだ正当化できていないようです. カッツが熱方程式（拡散方程式）にこのアイデアを適用したので, ファインマン・カッツの公式と呼ばれています.

S　どのようなものですか?

A　例として光の屈折現象, たとえば光が空中から水中に進む場合を考えます. 光は水中では空中よりも遅くなるため, 目的地に最小時間で到達するには屈折した経路をとる必要があります.

S　それが「フェルマーの原理」ですね.

A　しかしそのように解釈すると, 光はあらかじめ目的地や水中における速度を知っていたことになります.

S　確かにちょっと気持ち悪い話ですね.

A　ファインマンもそう感じたのだと思います. ファインマンのアイデアによると, 光は目的地までのすべての経路を通過します. それらをすべて積分して求めた平均（期待値）が実際の光の経路になります.

S　なるほど. 言われてみると納得ですね. 積分が平均を意味するということが理解できました.

A　ファインマンの経路積分については吉田（2000）に易しく解説されています. なお難しい数学書を読むくらいなら, ファインマンら（1986）を読むことをお薦めします.

S　これは力学のテキストですか.

A　量子力学や相対性理論についても書かれていますが, 何よりも数学を道具として上手に使っています. オイラーの公式

$$\mathrm{e}^{ix} = \cos x + i \sin x$$

も簡単に導いていて, 複素数の指数関数を普通に使っています. 理由は三角関数よりも便利だからです.

S　いかにもファインマンらしいですね. ファインマンは数学的な厳密性にとらわれず, 積分記号の中で平気で微分したりして, 正しい結果を容易に得ていたと聞いています.

A　いい加減な計算をしていたのではなくて，物理的な裏付けがあったのでしょうね．関連して雨宮（1982）や江沢（1992）もお勧めです．ブラウン運動を数学的に厳密に扱うのは素人には困難ですが，所詮は「乱数を発生させているモデル」にすぎません．本質は乱数以外のトレンドにあります．

S　つまり物理的な粒子の運動ではなくて，生物の行動や人間の意志のようなものこそが我々の研究対象というわけですね．

A　ええ．現代数学は厳密さを追求するため「法律」に近くなってしまい，記憶力もかなり必要です（長沼，2011）．我々のような立場では，初歩的な事項を正確に理解することが重要でしょう．

文　献

赤嶺達郎（1989）：中心極限定理．日本海区試験研究連絡ニュース（348），日本海区水産研究所，8-12.

赤嶺達郎（2014）：水産資源研究のための数学特論．水産総合研究センター研究報告，38，43-59.

アルティン（2002）：ガンマ関数入門．日本評論社．

雨宮一郎（1982）：微積分への道．岩波書店．

安藤洋美（1975）：トドハンター確率論史．現代数学社．

安藤洋美（1989）：統計学けんか物語．海鳴社．

安藤洋美（1992）：確率論の生い立ち．現代数学社．

安藤洋美（1995）：最小二乗法の歴史．現代数学社．

安藤洋美（1997）：多変量解析の歴史．現代数学社．

安藤洋美（2007）：確率論の黎明．現代数学社．

安藤洋美（2012）：異説数学教育史．現代数学社．

ダンハム（2005）：微積分　名作ギャラリー．日本評論社．

江沢　洋（1992）：物理は自由だ（1）力学．日本評論社．

江沢　洋（2013）：だれが原子をみたか．岩波現代文庫．

ファインマン（1986）：ご冗談でしょう，ファインマンさんⅡ．岩波書店．

ファインマンら（1986）：ファインマン物理学（Ⅰ）力学．岩波書店．

伏見正則（2004）：確率と確率過程．朝倉書店．

ハイラー・ワナー（1997）解析教程（上，下）．シュプリンガー・フェアラーク東京．

ハーン（2001）：解析入門　Part 1　アルキメデスからニュートンへ．シュプリンガー・フェアラーク東京．

平田森三（1975）：キリンのまだら　自然界の統計現象．中央公論社．

一松　信（1963）：解析学序説（下）．裳華房．

一松　信（1979）：数学概論．新曜社．

一松　信（1981）：教室に電卓を！Ⅱ．海鳴社．

一松　信（1990）：微分積分学入門第三課．近代科学社．

一松　信（2009）：コーシー　近代解析学への道．現代数学社．

一松　信（2011）：多変数の微分積分学．現代数学社．

石村貞夫・石村園子（1999）：金融・証券のためのブラック・ショールズ微分方程式．東京図書．

伊藤　清（2010）：確率論と私．岩波書店．

神永正博（2014）：直感を裏切る数学．講談社ブルーバックス．

笠原こう司（1991）：漸近展開．解析学ポ・ト・フ（数学セミナーリーディングス），日本評論社，32-45.

笠原こう司（1991）：ルベーグ積分．解析学ポ・ト・フ（数学セミナーリーディングス），日本評論社，114-117.

木村俊一（2012）：連分数の不思議．講談社ブルーバックス．

小林道正（2000）：Mathematica 確率．朝倉書店．

コルモゴロフら（2003）：コルモゴロフの確率論入門．森北出版．

工藤昭夫・上村英樹（1983）：統計数学．共立出版．

熊谷　隆（2003）：確率論．共立出版．

蓑谷千凰彦（2000）：よくわかるブラック・ショールズモデル．東洋経済新報社．

蓑谷千凰彦（2003）：統計分布ハンドブック．朝倉書店．

森　真（2012）：入門　確率解析とルベーグ積分．東京図書．

森　毅（1973）：異説数学者列伝．蒼樹書房．

森　毅（1978）：微積分の意味．日本評論社．

森　毅（1980）：確率論．別冊 BASIC 数学「大学数学入門」，現代数学社，187-200.

森　毅（1983）：数学プレイマップ．日本評論社．

森　毅（2006）：現代の古典解析．ちくま学芸文庫．

武藤　徹（2012）：大量現象のはなし（確率・統計篇）．日本評論社．

長沼伸一郎（2011）：物理数学の直観的方法（普及版）．講談社ブルーバックス．

長澤正雄（2003）：シュレーディンガーのジレンマと夢．森北出版．

中塚利直（2010）：応用のための確率論入門．岩波書店．

西山陽一（2011）：マルチンゲール理論による統計解析．

近代科学社.
リード（1982）：数理統計学者ネイマンの生涯（安藤洋美ら訳）．現代数学社．
佐藤ふさ夫(1981a)：生存競争の数理(7)．数学セミナー，1981年3月号，94-101.
佐藤ふさ夫(1981b)：生存競争の数理(8)．数学セミナー，1981年4月号，78-86.
赤　攝也（2014）：確率論入門．ちくま学芸文庫．
志賀浩二（1990）：ルベーグ積分30講．朝倉書店．
田島一郎（1979）：二項分布から正規分布へ．確率・統計＋近似・誤差（数学セミナーリーディングス），日本評論社，100-102.

竹之内脩(1991)：ルベーグ積分の導入と展開．解析学ポ・ト・フ（数学セミナーリーディングス），日本評論社，124-131.
谷村省吾（2012）：21世紀の量子論入門　新しい理論を求めて．理系への数学(現代数学社)，2012年4月号，65-71.
寺本　英（1997）：数理生態学．朝倉書店．
矢島美寛(1992)：確率過程の基礎．自然科学の統計学（東京大学教養学部統計学教室編），東京大学出版会，277-306.
吉田　武（2000）：虚数の情緒．東海大学出版会．
吉田　武（2010）：オイラーの贈り物．東海大学出版会．

第7章　展望と補足

> 生態学や農学および水産資源学における数理モデルと統計モデルについて簡単にコメントします．最後に個体数データに関する確率の話や，まったく異なる分野においても一次資料やデータが最重要であることについて述べます．

7・1　数理モデルと統計モデル

S君　最近，「数理モデルから統計モデルへ」という標語を耳にしたのですけど．

A先生　そうですね．私が目にしたのは島谷（2012）のコラムです．

S　この本は統計学者が書かれているので，相当に難しそうですね．

A　それほど難解な本でありませんが，AIC（赤池の情報量規準）に関する部分は読み飛ばしてかまいません．統計学の教科書ではなくて，生態学や農学の研究者向けに書かれた本ですから．

S　それで数理モデルと統計モデルとは具体的にどのように異なるのでしょうか？

A　明確な境界はないと思いますが，おそらく数理モデルとしてはロトカ・ヴォルテラ方程式のようなコンピューター・シミュレーションを主体とするものをイメージしていて，統計モデルとしては実験計画法のように統計的な検定が可能なモデルをイメージしているのだと思います．

S　そうすると研究の主体がシミュレーションからフィールド調査に移行してきているという意味でしょうか？

A　そうではなくて，シミュレーションやフィールド調査のような分野においても統計的手法が活用できる時代になったという意味だと思います．

S　といいますと？

A　計算機や統計ソフトの普及につれて，誰でも簡単にベイズ統計が使えるようになったことが大きいと思います．

S　しかし表題にはベイズ統計と書いていませんけど．

A　「AICからベイズ統計へ」という標語も聞いたことがあります．昔は計算が大変でしたから統計計算は敬遠されてきましたが，今は気軽に計算できるのでどんどん活用すべきでしょう．統計数学にしても「高校数学+α」で十分ですから，あまり細かなことは気にしないで，とりあえず使ってみることをお勧めします．

S　それで水産資源学における現状はどうなんでしょうか？

A　水産資源学では農学や生態学と違って，漁獲データを中心に解析してきました．もちろん市場調査，調査船調査，飼育実験なども含めての話ですが，フィールドデータが主体で，最初から統計モデルが重要な位置を占めていました．

S　しかし成長式や再生産式などの数理モデルも重要でしたね．

A　ええ，あくまでもデータ解析を目的とした数理モデルで，ロトカ・ヴォルテラ方程式のようなコンピューター・シミュレーションを主体とする数理モデルは主流ではありませんでした．

S　確かにそうでしたね．

A　この本で解説したように，ベイズ統計や確率分布などの理解も一段落してきたと思いますので，これからが本格的な統計モデルの活用という時代になると期待しています．なお水産学全般については，

　　『水圏生物科学入門』．会田勝美編．恒星社厚生閣．(2009)．

をお勧めします．

7・2　常用対数とルーレット定理

A　最後に数式ではなくて「数字」についてお話しします．自然科学では自然対数を用いますが，漁獲データなどでは常用対数を用いることがあります．自然対数 (ln) と常用対数 (log) の変換は大丈夫ですか？

S　もちろんです．公式より

$$\ln a = \frac{\log a}{\log 2.71828} = \frac{\log a}{0.4343} = 2.3026 \log a$$

となります．

A　常用対数の大雑把な値は憶えておいた方がよいでしょう（森，1978）．$\log 1 = 0$ は当然ですが，$2^{10} = 1024 \fallingdotseq 1000$ なので $\log 2 = 0.30$ となります．

S　そうすると，$\log 4 = 2\log 2 = 0.60$，$\log 8 = 3\log 2 = 0.90$，および $\log 5 = \log 10 - \log 2 = 0.70$ ですね．

A　それから $3^2 = 9$ では精度が低いので，$3^4 = 81$ を使うと，$\log 80 = 1.90$ だから，$\log 3 = 0.48$，$\log 9 = 0.95$，および $\log 6 = \log 2 + \log 3 = 0.78$ となります．

S　最後は $7^2 = 49$ を使えば，$\log 50 = 1.70$ なので，$\log 7 = 0.85$ を得ます．

A　ここで「ポアンカレのルーレット定理」に関する話を紹介しましょう（フェラー，1969；森，1978）．漁獲尾数などのデータで最初の数字は1や2のような小さな数字が多く，8や9のような大きな数字は少ないように感じたことはありませんか．

S　そう言われれば，そうですね．最初の数字に0は出てきませんし，小さな数字の方から順々に出やすい感じはします．

A　表7-1にある魚の漁獲尾数データ（単位は百万尾）とその常用対数を示します．

S　確かにこのデータでは最初の数字は小さい数字が多いですね．

A　このデータは時系列ですから問題があるかもしれませんが，1993年の漁獲尾数データの常用対数をとってみると，

表 7-1　ある魚の漁獲尾数（単位は百万尾）とその常用対数

年	漁獲尾数	常用対数	年	漁獲尾数	常用対数
1993	1499	3.176	2003	260	2.415
1994	368	2.566	2004	834	2.921
1995	617	2.790	2005	661	2.820
1996	1715	3.234	2006	2844	3.454
1997	1189	3.075	2007	673	2.828
1998	276	2.441	2008	469	2.671
1999	210	2.322	2009	370	2.568
2000	433	2.636	2010	388	2.589
2001	141	2.149	2011	241	2.382
2002	275	2.439	2012	274	2.438

$$\log(1499) = 3 + \log(1.499) = 3.176$$

となっています．常用対数の整数部分は桁数を表しているので，小数部分が最初の数字に対応しています．このとき小数部分は一様分布に従っているとみなせます．

S　ということは，最初の数字が 1 である確率は $\log 2 = 0.30$，1 か 2 である確率は $\log 3 = 0.48$ ということですか．本当でしょうか？

A　自分で調べてみてください．通常はベンフォード分布と呼ばれているみたいです（間瀬ら，2004；神永，2014）．それからポアンカレはルーレットをイメージした確率の定義も考えています（安藤，2012）．

S　うーん．まだまだ考えることはたくさんありますね．

7・3　その他

S　最近の学生は本を読みませんね．

A　インターネットで何でも情報を入手できるからでしょう．

S　とりわけ数式の多い本は難解なので敬遠されるみたいです．

A　生態学や統計学ではそれほど高度な数学は用いていませんが，見分けがつかないのでしょう．

S　高校数学程度でも忘れてしまっている学生が多いみたいです．

A　まあ，知識はインターネットから入手できますから，きちんと論理的に考えることが大切ですね．数学的思考とはつまるところ，いい加減なことを排除して厳密に考えることですから（佐久間，2012）．ところで志村（2012）に昔，有名な海軍大将が「百発百中の砲一門は百発一中の砲百門に匹敵する」と言ったという話があります．

S　それは変ですね．ちょっとシミュレーションしてみれば分かります．

A　そのような感覚を養うことが肝心です．

S　確率に関連してエントロピーという用語も気になるのですけど．

A　それなら鈴木（2014）を読まれるとよいでしょう．

S　ゲーム理論や経済学に関しては？

A　カリアー（2012）がお勧めです．

S　生態学関連では何かありますか？

A　個人的には日本海区水産研究所の大先輩である西村三郎さんの一連の著作を，図鑑も含めてお勧めします．また奥野良之助さんの著作も面白いですね．「これ一冊」というのであれば，最新の理論を分かりやすく解説している渡辺（2012）が良いでしょう．

S　進化についてはどうですか．

A　そうですね．比較形態学の復習として岩堀（2011，2014）は面白かったです．医学部の授業を下敷きにしているみたいですが，しっかりした内容をコンパクトに解説しているので有難いですね．

S　これら以外に何かありますか？

A　まったく別の分野ですが，坂井（1986）にドイツで一次資料を徹底的に調べるように鍛えられた話があります．

S　ドイツではそうでしょうね．

A　話は飛びますが，森鷗外の恋人についてベルリンの教会の記録を徹底的に調査した人がいます（六草，2011，2013）．

S　その話は耳にしたことがあります．勝手なお世話というか，プライバシーの侵害のような気もしますけど．

A　しかし中年の主婦だとか，15歳の少女だとか，誤った説がテレビで流れているので，事実をしっかり押さえることは必要でしょう．

S　確かに，事実誤認は訂正すべきですね．

A　最近は数学ブームだそうで，一般向けの解説書が多く出版されています．代数や幾何の分野は統計学とほとんど関係ありませんが，個人的には矢ヶ部（1976），寺坂（1977），一松（1979，1983），矢野（2006），遠山（2011），石井（2013）などをお勧めします．蛇足ですが，志村（2008）に外国の有名研究者にアイデアを盗まれた話がありますし，志村（2014）には誤った論文や剽窃がたくさんあると書かれています．

S　数学でもそんな状況だとは困った話ですね．

A　情報過多の時代ですから，しっかりと事実を把握し，きちんと筋道をたてて考えることが大切でしょう．

文　献

安藤洋美（2012）：異説数学教育史．現代数学社．
フェラー（1969）：確率論とその応用　Ⅱ（上）．紀伊國屋書店．
一松　信（1979）：数学概論．新曜社．
一松　信（1983）：正多面体を解く．東海大学出版会．
石井俊全（2013）：ガロア理論の頂を踏む．ベレ出版．
岩堀修明（2011）：図解　感覚器の進化．講談社ブルーバックス．
岩堀修明（2014）：図解　内臓の進化．講談社ブルーバックス．
神永正博（2014）：直感を裏切る数学．講談社ブルーバックス．
カリアー（2012）：ノーベル経済学賞の40年（上，下）．筑摩書房．
間瀬　茂ら（2004）：工学のためのデータサイエンス入門　フリーな統計環境Rを用いたデータ解析．数理工学社．
森　毅（1978）：微積分の意味．日本評論社．
六草いちか（2011）：鷗外の恋．講談社．
六草いちか（2013）：それからのエリス．講談社．

坂井栄八郎（1986）：増補　ドイツ歴史の旅．朝日選書 312.
佐久間一浩（2012）：高校数学と大学数学の接点．日本評論社．
島谷健一郎（2012）：フィールドデータによる統計モデリングと AIC．近代科学社．
志村五郎（2008）：記憶の切繪図．筑摩書房．
志村五郎（2012）：数学の好きな人のために．ちくま学芸文庫．
志村五郎（2014）：数学をいかに教えるか．ちくま学芸文庫．
鈴木　炎（2014）：エントロピーをめぐる冒険．講談社ブルーバックス．
寺阪英孝（1977）：非ユークリッド幾何の世界．講談社ブルーバックス．
遠山　啓（2011）：代数的構造．ちくま学芸文庫．
渡辺　守（2012）：生態学のレッスン．東京大学出版会．
矢ヶ部巌(1976)：数Ⅲ方式　ガロアの理論．現代数学社．
矢野健太郎（2006）：角の三等分．ちくま学芸文庫．

索　引

〔ア行〕
ウォリス積分　101
ヴォルテラ　110
Aitken の記号　16
S-VPA　57
HDR　19
F 検定　49
F 分布　106
MCMC 法　57
オイラーの公式　65

〔カ行〕
概収束　114
階乗　16, 74
外積　79
階層モデル　29
カイ二乗検定　49
カイ二乗分布　102
ガウス積分　96
確率収束　114
確率微分方程式　113
加法定理　66
カントル集合　110
ガンマ関数　25, 99
ガンマ分布　104
幾何分布　19, 107
帰無仮説　17
逆確率の方法　10
逆行列　82
行列式　77
漁獲係数　51
漁獲方程式　51
漁獲率　52
極形式　68
組合せ数　16, 89
グレゴリーの級数　67
経験ベイズ　28
経路積分　116
誤差関数　94
コホート　51
固有値　81
コルモゴロフの公理　18

混合正規分布　85
ゴンペルツ式　46

〔サ行〕
最小二乗法　48
再生産モデル　50
差分　73
サラスの公式　77
算術三角形　89
サンプル数　30
CPUE　54
ジェフリーズの基準　28
σ 加法性　18
事後確率　8
指数関数　64
指数分布　107
事前確率　8
自然死亡係数　51
自然死亡率　52
自由度　85
主成分分析　83
シュヌート式　50
常用対数　120
スターリング数　75
スティリチェス積分　111
正確な検定　27
正規分布　99
生残モデル　50
積分　60
積率母関数　70
接線　61
絶対収束　114
線型代数　77
ソーバー　22
測度　108

〔タ行〕
ターミナル F　51, 54
対角化　83
対称行列　83
対数関数　64
対数幾何分布　42

対数正規分布　35
対数二項分布　40
大数の法則　44
対数負の二項分布　42
単振動　72
中心極限定理　114
超幾何分布　27
調和級数　42
直交行列　83
テイラー展開　62
ディリクレ関数　109
適合度検定　86
転置行列　83
伝統的統計学　27
導関数　60
特性関数　70
特性方程式　81
ド・モアブルの定理　69

〔ナ行〕
内積　79
二項級数　92
二項定理　91
二項分布　16
ニュートン法　61

〔ハ行〕
背理法　17
パスカルの三角形　89
PMP　19
ヒストグラム　44
非復元抽出　10
微分　60
　――係数　60
ビュッホン　41
フィデューシャル確率　13
VPA　51, 55
ブール　94
復元抽出　10
負の二項分布　17
部分和分　76
ブラウン運動　113
プラスグループ　54
平均収束　114
平均値のパラドックス　34
ベイズ更新　10

ベイズ統計　10
ベイズの定理　7
ベータ関数　25, 99
ベータ分布　25, 104
ベクトル解析　111
ベクトル場　70
ペテルスブルグの賭　41
ベバートン・ホルト型　50
ベルタランフィー式　46
ベルヌイ試行　16
変数分離型　70
変則事前分布　21
ベンフォード分布　121
ポアソン分布　93
法則収束　114

〔マ行〕
マクローリン展開　64
無情報事前分布　13
モンティ・ホール　7

〔ヤ行〕
ヤコビアン　77
有限補正　30
尤度　8

〔ラ行〕
ライプニッツの級数　67
ラマヌジャン　92
ランダム・ウォーク　34, 112
リーマン積分　108
リチャーズ式　46
リッカー型　50
理由不十分の原則　13
ルーレット定理　120
ルベーグ積分　108
レフコビッチ行列　43
連立1次方程式　80
ロジスティック式　46
ロピタルの定理　100

〔ワ行〕
和分　73

著者紹介

赤嶺達郎（あかみね　たつろう）

1956 年生，東京大学農学部水産学科卒　農学博士

現　職　国立研究開発法人水産総合研究センター　中央水産研究所資源管理研究センター主幹研究員
　　　　元東京海洋大学客員教授

著　書

水産資源のデータ解析入門（恒星社厚生閣）

水産資源解析の基礎（恒星社厚生閣）

共著書

水産動物の成長解析（恒星社厚生閣），資源評価のための数値解析（恒星社厚生閣），水産資源解析と統計モデル（恒星社厚生閣），マアジの産卵と加入機構（恒星社厚生閣），水産海洋ハンドブック（生物研究社），魚の科学事典（朝倉書店），水産大百科事典（朝倉書店）

水産総合研究センター叢書
生物資源解析のエッセンス

2016 年 3 月 1 日　初版第 1 刷発行

定価はカバーに表示してあります

著　者　赤嶺達郎
発行者　片岡一成
発行所　恒星社厚生閣
〒160-0008　東京都新宿区三栄町 8
電話 03(3359)7371（代）
FAX 03(3359)7375
http://www.kouseisha.com/
印刷・製本　(株)シナノ

ISBN978-4-7699-1581-2

Ⓒ　国立研究開発法人　水産総合研究センター

JCOPY　＜(社)出版者著作権管理機構　委託出版物＞

本書の無断複写は著作権法上での例外を除き禁じられています．複写される場合は，その都度事前に，(社)出版者著作権管理機構（電話 03-3513-6969，FAX03-3513-6979，e-maili:info@jcopy.or.jp）の許諾を得て下さい．

―――― 好評発売中 ――――

水産総合研究センター叢書
水産資源のデータ解析入門
赤嶺達郎 著
B5判/180頁/定価（本体 3,200 円＋税）

水産資源解析の基礎
赤嶺達郎 著
B5判/126頁/定価（本体 2,500 円＋税）

水産動物の成長解析
赤嶺達郎・麦谷泰雄 編
A5判/122頁/定価（本体 2,300 円＋税）

レジームシフトと水産資源管理
青木一郎・仁平 章・谷津明彦・山川 卓 編
A5判/141頁/定価（本体 2,600 円＋税）

水産資源解析と統計モデル
松宮義晴 編
A5判/116頁/定価（本体 3,000 円＋税）

水産資源学を語る
田中昌一 著
A5判/160頁/定価（本体 2,300 円＋税）

水産総合研究センター叢書
ナマコ漁業とその管理 －資源・生産・市場
廣田将仁・町口裕二 編
A5判/350頁/定価（本体 5,500 円＋税）

水産総合研究センター叢書
日本漁業の制度分析 －漁業管理と生態系保存
牧野光琢 著
A5判/256頁/定価（本体 3,300 円＋税）